功夫厨房系列

蒸 健康美味 营养足

甘智荣　主编

重庆出版集团　重庆出版社

图书在版编目（CIP）数据

蒸：健康美味营养足 / 甘智荣主编. —重庆：重庆出版社，2016.6
ISBN 978-7-229-08606-0

Ⅰ.①蒸… Ⅱ.①甘… Ⅲ.①蒸菜—菜谱
Ⅳ.①TS972.12

中国版本图书馆CIP数据核字(2016)第066423号

蒸：健康美味营养足
ZHENG:JIANKANG MEIWEI YINGYANG ZU
甘智荣 主编

责任编辑：张立武 赵仲夏
责任校对：李小君
统 筹：深圳市金版文化发展股份有限公司

重庆出版集团
重庆出版社 出版
重庆市南岸区南滨路162号1幢 邮政编码：400061 http://www.cqph.com
深圳市雅佳图印刷有限公司印刷
重庆出版集团图书发行有限公司发行
邮购电话：023-61520646
全国新华书店经销

开本：720mm×1016mm 1/16 印张：15 字数：150千
2016年6月第1版 2016年6月第1次印刷
ISBN 978-7-229-08606-0
定价：29.80元

如有印装质量问题，请向本集团图书发行有限公司调换：023-61520678

总序
FOREWORD

随着生活节奏的加快，人们在工作之余越来越渴望美食的慰藉。如果您是在职场中打拼的上班族，无论是下班后疲惫不堪地走进家门，还是周末偶有闲暇希望犒劳一下辛苦的自己时，该如何烹制出美味可口而又营养健康的美食呢？或者，您是一位有厨艺基础的美食达人，又如何实现厨艺不断精进，烹制出色香味俱全的美食，不断赢得家人朋友的赞誉呢？当然，如果家里有一位精通烹饪的“食神”那就太好了！然而，作为普通百姓，延请“食神”下厨，那不现实。这该如何是好呢？尽管“食神”难请，但“食神”的技能您可以轻松拥有。求人不如求己，哪怕学到一招半式，记住烹饪秘诀，也能轻松烹制一日三餐，并不断提升厨艺，成为自家的“食神”了。

为此，我们决心打造一套涵盖各种烹饪技法的“功夫厨房”菜谱书。本套书的内容由名家指导编写，旨在教会大家用基本的烹饪技法来烹制各大菜系的美食。

这套丛书包括《炒：有滋有味幸福长》《蒸：健康美味营养足》《拌：快手美味轻松享》《炖：静心慢火岁月长》《煲：一碗好汤养全家》《烤：喷香滋味绕齿间》六个分册，依次介绍了烹调技巧、食材选取、营养搭配、菜品做法、饮食常识等在内的各种基本功夫，配以精美的图片，所选的菜品均简单易学，符合家常口味。本套书在烹饪方式的选择上力求实用、广泛、多元，从最省时省力的炒、蒸、拌，到慢火出营养的炖、煲，再到充分体现烹饪乐趣的烤，必能满足各类厨艺爱好者的需求。

该套丛书区别于以往的“功夫”系列菜谱，在于书中所介绍的每道菜品都配有名厨示范的高清视频，并以二维码的形式附在菜品旁，只需打开手机扫一扫，就能立即跟随大厨学做此菜，从食材的刀工处理到菜品最终完成，所有步骤均简单易学，堪称一步到位。只希望用我们的心意为您带来最实惠的便利！

前言

PREFACE

要说什么烹饪方法最简单、最不挑食材，那一定非“蒸”莫属了！只需一口蒸锅，再把食材进行简单的洗切和调味，几乎就大功告成了。厨艺一般的人喜欢它，因为它不会失败，不过是“一火一水一口汽”的事罢了；厨艺高超的人也喜欢它，因为它也能显出“真功夫”，饱含着智慧和门道。

蒸菜的历史非常悠久，早在新石器时代，我国的先民就创造出了一种炊具——甑，类似于现代的笼屉，利用蒸汽将食物制熟，这就是世界上最早的“蒸锅”。蒸菜不仅节约能源，而且可以一次性烹熟多种食材，还很容易保持菜的造型，因此作为重要的烹饪方式一直流传下来。

近年来，随着人们饮食方式的改变，外出就餐越来越普遍，随之暴露出来的饮食安全问题令人触目惊心。同时，面对快节奏、高压力的现代生活，唯有愈发重视健康，而非忽视健康，才能过上真正有品质的生活，摆脱“为医院攒钱”的尴尬。因此，饮食回归家庭成了当务之急，这也是我们编写本书的目的。

“蒸”是最健康的吃法。首先，蒸菜的热源是高温水蒸气，食材从外部开始受热，其营养成分被完好地“锁”在内部，流失较少，并保留了天然的香味。其次，现代人多“上火”，而蒸菜清润多汁，没有煎、炸、烤、焙等容易导致食材水分流失的操作，非常易于身体消化和吸收，还能养护肠胃、护肤养颜。最后不得不说的是，蒸菜尤其适合“三高”人群及需要保持体形的人长期食用，由于充分保留了食材的原汁原味，无须高油、高糖也一样美味。

本书精选了最适宜在家中制作的美味蒸菜，食材选择广泛，包括畜肉类、禽蛋类、蔬果类、水产类、豆制品以及五谷杂粮，每道菜品都配有二维码，手机扫一扫，就能轻松观看真人烹饪视频，保证您一学就会。衷心地希望您在家就能享受美味、吃出健康！

目录

CONTENTS

PART 1 健康美味自己“蒸”

PART 2 “蒸”香滑·禽肉类

PART 3 “蒸”鲜嫩·蛋和豆腐

PART 4 “蒸”香浓·猪牛羊肉

PART 5 “蒸”美味·鱼虾贝类

PART 6 "蒸"清甜·蔬果菌菇

PART 7 “蒸”滋养·米面杂粮

PART

健康美味自己“蒸” 1

蒸菜的历史悠久，深受各类人群的喜爱。蒸出来的菜好吃又滋补，让人越吃越精神，越吃越爱吃，想学做一手好蒸菜吗？别着急，先来了解一下“蒸”功夫的入门知识吧！

“蒸”——最符合现代人需要的吃法

现代人的饮食方式不断发生着改变，越来越多的人选择在外就餐或者购买外卖食品。然而，在这种“现代饮食方式”带来的诸多便捷背后，却隐藏着不少饮食安全隐患。

餐馆的菜更好吃，往往是因为在烹制时加入了过量的油、盐、糖、味精等调味料，长期食用会加重身体的代谢负担，使身体的免疫力下降，从而更容易生病或变成亚健康体质。

回归家庭饮食，学会烹制既健康又美味的居家菜肴，才是明智的选择。如果担心自己的厨艺不高，或者时间不够，那么学习蒸菜无疑是最佳的入门方式。

所谓蒸菜，就是利用水沸腾后产生的水蒸气来传热，使食物变熟的一种烹饪方式，烹制出来的菜肴软糯、滋润，鲜香十足，并具有许多其他烹饪方式少有的优势：

省时，省力，省钱

只需要有一口蒸锅，一个蒸盘或蒸碗，一些简单处理过的食材和最常见的调料，就能制作出一道美味的蒸菜。把调好味的食材放入蒸锅，定好时间，就可以去忙别的事了。

烹饪过程无油烟

蒸菜利用水蒸气作为传热介质，完全没有油烟的烦恼，对烹饪者的健康不会造成任何伤害，也不会因煳锅、烧焦等问题产生致癌物。

护肠胃，不上火

蒸菜质地软烂、鲜嫩，汤汁不多不少，非常易于身体消化和吸收，尤其对养护肠胃有益。蒸制的菜肴口味清淡，富含水分，食用后不易上火，有助于护肤养颜。

有效“锁”住营养

食材通过水蒸气从外部开始受热，没有经过翻炒等物理性的“破坏”，使食材中的营养成分被牢牢地“锁”在内部，不易散失，最大程度保留了食材的原汁原味。

低脂健康，养生防病

蒸菜最大的优点就是低脂，因为充分保留了食材的营养和风味，使得原料不用加入太多油脂也一样美味，非常有益健康，尤其适合“三高”人群食用。

“蒸”的就是一口“汽” 

做蒸菜最重要的是什么？当然是“汽”了。水蒸气是食材成熟的热源，也是决定菜品口感的关键因素。使用大火、中火、小火时，水蒸气的加热能力并不完全相同。

大火慢蒸

质地粗老或者需要蒸得比较酥烂的食材，如鸭肉、牛肉、羊肉等，应调至大火长时间蒸制，因此蒸锅中最好多放些水，以免将锅蒸干。

大火快蒸

适用于需要快熟的食材，如蔬菜、鱼、虾、贝类等。蒸蔬菜选用大火可以缩短蒸制的时间，有利于保存营养素；鱼、虾、贝类等肉质较嫩，用大火快蒸可以防止肉质因长时间蒸制而变老。

中火蒸制

如果菜品在入蒸锅之前已经摆好了造型，则适宜用中火蒸制，既不会破坏造型，又能使食材熟透。此外，蒸制奶制品等也适宜选择中火。

小火或中小火蒸制

对于非常鲜嫩的食材，如鸡蛋、豆腐等，最好选择小火或中小火。用中小火蒸出来的蛋羹表面较平滑，不易出现蜂窝状。

除了通过火候来控制蒸菜所用的“汽”，还可以在蒸制的过程中，直接改变“汽”的量和度，灵活选用“足汽蒸”或“放汽蒸”法。

足汽蒸

在整个蒸制过程中盖严锅盖，或在锅盖上盖几层纱布，防止漏“汽”，使食材处于饱和蒸汽环境中加热至成熟。足汽蒸适用于新鲜的蔬菜、肉类等食材，根据原料的大小、多少以及口感要求控制时间，口感可“嫩”可“烂”，时间可短至10分钟，也可长至1~2小时。

放汽蒸

在蒸制过程中不盖严锅盖，留一些缝隙，使食材在非饱和的蒸汽环境中成熟。还可根据食材的需要掀盖放“汽”，通常有三种方法：开始蒸时放汽、蒸的中途放汽、即将成熟时放汽。放汽蒸适用于剁成蓉状的食材，如鱼蓉、虾蓉、鸡蓉，以及蛋液类食材。

“蒸”功夫之理论篇·九种蒸法大揭秘

蒸菜的历史非常悠久，是一种广为流传的重要的烹饪方式，并被不断注入群众在生活中所积累的智慧。“蒸”虽简单，但有“真”功夫。单说蒸的方法，就至少有九种。

清蒸

将食材加入调料或高汤，入锅蒸熟；或将食材蒸熟后淋上调味汁。适合烹制鱼类。成菜口感细嫩，汤汁清澈。

粉蒸

将食材用蒸肉米粉或其他调料拌匀，码放整齐，再入蒸锅蒸熟。通常选用肥瘦相间、细嫩无筋、易熟的原料，成菜形态美观完整，口感熟软香糯。

扣蒸

将原料调味后，按一定的造型装入蒸碗，入蒸锅蒸熟后，翻扣入盘中，还可淋上调味汁、芡汁等。这种蒸法便于对食材的荤素、营养进行搭配。

酿蒸

将肉末、鱼蓉等材料作为馅心，酿在西红柿、苹果、苦瓜、油豆腐等里面，然后入蒸锅蒸熟。成菜色彩鲜艳，造型别致，口感丰富。

包蒸

将比较细碎的食材，如糯米，或切碎的多种食材混合并调味后，用荷叶、蛋皮、海带等包裹起来，再入蒸锅蒸熟，如糯米鸡、荷香蒸鸭等。

炮蒸

将动物性原料加调味品进行腌渍，放进碗中入蒸锅蒸熟，取出扣入盘内，淋上热油、撒上葱花，如炮蒸鳝鱼。

封蒸

多选用腊味食材，利用有盖可炖的容器，用锡纸、荷叶或玻璃纸封口，盖紧进行蒸制，可使腊味质地变得软糯。

干蒸

流行于广东等地，以肥猪肉粒、瘦猪肉粒、鲜虾为主要馅料，加调料后包上皮，放在蒸笼里蒸熟。

造型蒸

将原料加工成蓉状后，拌入调味料和可凝固物质，如蛋清、淀粉、琼脂等，再做成各种形态，装在模具内入蒸锅蒸制，蒸熟后脱模，成为固体造型，如马蹄糕等。

“蒸”功夫之兵器篇·传统蒸锅vs电蒸锅

“工欲善其事，必先利其器”，制作蒸菜，最重要的工具自然是蒸锅。我们可以选择传统的老式蒸锅，也可以选择插电即可使用的电蒸锅。

传统蒸锅

优点：

1.容量大

传统蒸锅很适合全家人使用，一锅可同时蒸2～3道菜。

2.结实耐用

不锈钢材料非常容易清洗，而且没有任何电器元件，不用担心老化、保养、维修等问题。

缺点：

自由度不高

一旦忘了时间蒸过了头，轻则将食材蒸烂，重则将锅蒸干、蒸坏，甚至引发安全事故。

电蒸锅

优点：

1.懒人最爱

具有调节时间的旋钮，到了预定的时间会自动停止加热，非常适合忙碌的上班族和懒人们使用。

2.便于观看食材蒸制效果

电蒸锅的蒸屉多采用透明的塑料材质，从外部可以观看食材从生到熟的全过程，便于控制火候，而且有趣味性。

3.适合小家庭

一般的电蒸锅都有2~3层蒸格，可以同时蒸几道菜或者几种食材，还可以将剩饭、剩菜分别放在不同的蒸格里进行加热，非常适合1~2人的小家庭。

4.适合初学烹饪者

电蒸锅的说明书一般会建议不同的食材需要蒸制多长时间，使没有经验的烹饪新手也能轻松挑战各类食材，只需按照说明按键或调节旋钮即可。

缺点：

1.不易清洗和保存

电蒸锅的电器元件是无法拆卸的，所以清洗时比传统蒸锅稍麻烦，还要担心电器元件是否会受潮或老化等问题。

2.只能按固定的档位选择火候

对于烹饪新手来说，这是便利之处，但对于烹饪高手来说，将火候限定得太死板，很难做出满意的味道。

“蒸”功夫之基础篇·挑选最佳“蒸食材”

基本上所有的食材都可以用蒸的方法来烹制，除了一些特别干的食材，如牛蹄筋等。对于鲜嫩多汁的原料和比较干硬的原料，所使用的蒸法略有不同。

质地坚韧的动物类食材

鸡肉、鸭肉、鹅肉可剁成小块，加调料腌渍后，再进行蒸制，可获得软烂、滑嫩、入味的效果。这类食材也适合用隔水蒸法做成汤品，营养保存得更完全。鱼、虾、蟹、贝类最宜清蒸，可以保留海鲜的香味和滑嫩的肉质，如清蒸鲈鱼。牛肉、羊肉、排骨则适宜粉蒸，口感酥烂软糯。

根茎类蔬菜

根茎类蔬菜包括芋头、红薯、山药、胡萝卜等，它们所含的营养物质较多，也富含淀粉，而蒸制的优点是“锁”住营养，因此这类食材用蒸比用其他方式烹制更香，也更滋养。芋头、红薯多用清蒸为宜，胡萝卜等富含水分的食材粉蒸更佳。此外，根茎类蔬菜若搭配肉类一起蒸制，既能吸收肉汁的浓香，又能平衡肉类的营养。

泡发的干货

红枣、莲子可清蒸成甜品，再淋上蜂蜜、糖桂花，味道甜美诱人。木耳、黄花菜泡发后可与鸡肉等禽肉一同腌渍后再蒸，因为这些食材吸入肉汁后口感更佳。泡发的海带可搭配肉末，制成海带卷之后进行蒸制，二者的口感和营养均可互补。

质地细嫩或经精细加工的食材

豆制品质地细嫩，蒸制之后能保留其口感和清香。豆腐、香干、腐竹等豆制品可加剁椒、豆豉等调料腌渍后进行蒸制，也可搭配其他食材清蒸之后，再淋上味汁。五谷、面食等精细加工的原料蒸制后软糯喷香，如蒸八宝饭、蒸饺、蒸肠粉等。

小贴士：如何挑到最新鲜的蔬果

1.看外观：饱满、有光泽、鲜艳

2.摸软硬：硬实、不发软

3.掂分量：同样大小较重的好

4.闻气味：具有天然清香

“蒸”功夫之技能篇·熟悉常用的调料

蒸菜的制作方式决定了其调味方法比较特殊，要求一次性调好味，不像炒菜那样可以一边尝一边增减调味品。熟悉常用调料的特点是保证调味成功的必备技能。

盐

常用于对动物性食材进行腌渍或调芡汁的过程中，加入的盐是否适量非常重要，要避免过咸或过淡。

糖

在用酱油和醋调制成的搭配肉类或豆制品食材的酱汁中加入少量白糖，可使味道格外鲜美。

醋

食材蒸之前加醋腌渍可以保留维生素，并使食材蒸后的口感韧而不面；蒸好的食材加醋调味可除腥、增香。

酱油

生抽颜色较淡，但味道较咸，常用于增味；老抽颜色很深，常用于着色。制作蒸菜一般选用生抽，用量不宜过多。

料酒

可用于生肉、生鱼的腌渍，使其滋味更加鲜美，蒸熟后质地更松软。

香油

香油加入食醋和蒜调成的酱汁适宜搭配各种蔬菜；加入芝麻酱和辣椒酱调成的酱汁适宜搭配豆制品、面条。

剁椒、泡椒

剁椒适合搭配口感鲜嫩的食材，可以使食材鲜而不淡，微辣适口。泡椒则最适合与鱼类食材搭配，可增进食欲。

豆瓣酱

豆瓣酱非常开胃。将豆瓣酱加上葱姜蒜油爆之后再使用，味道会更香。

豆豉

与动物性食材如排骨、鱼一同蒸制，不仅可解腥，而且能为食材增加豉香，并具有和胃除烦、去寒热的功效。

葱、姜、蒜

姜、蒜有去腥、提味的作用，兼能杀菌、防腐；葱有增鲜、解油腻的作用，适合搭配肉类食材。

香辛料

花椒、胡椒、八角、香叶等，可去除各种肉类的腥气，增加菜的香味，并能增进食欲，常用于肉类食材的腌渍。

“蒸”功夫之细节篇·原料的摆放顺序、调味原则等

俗话说“学不厌精”，蒸菜这种看起来简单的烹饪方法，其实有很多值得钻研的细节，下面我们就来了解一下。

原料的摆放顺序

加热后易出汤的食材放在下面，如绿叶青菜；加热后不易出汤的食材放在上面，如猪肉末、牛肉等。

颜色深的食材放下面，颜色浅的食材放上面。颜色深浅是相对而言的，为制作同一道蒸菜的食材之间的比较。

不易熟的食材放上面，便于充分接触水蒸气；易熟的食材放下面。如制作粉蒸肉时，将芋头、红薯等铺在下面。

需要吸收汤汁的食材放在下面，不需要吸收汤汁或者泡汤后易软烂的食材放在上面。

调味原则

蒸菜的调味有两种方法，一种是在入蒸锅之前给食材调好所有的味，叫做“基础味”；另一种是在食材蒸好之后再淋上调味汁、芡汁，叫做“补充味”。

禽肉、畜肉、蔬菜等食材多用基础味，其中禽肉、畜肉由于不易入味，在调入基础味之后还需要进行腌渍至少20分钟。海鲜、河鲜、菌菇、杂粮类以及酿蒸的菜品多用补充味，根据食材的口感调制出不同的酱汁或芡汁。

基础味浸渍加味的时间要长，而且不能用辛辣味重的调味品，否则会抑制原料本身的鲜味。补充味的芡汁要咸淡适宜，不可太浓，以免破坏食材的原汁原味。

在调味时，需注意调味料的味道是否有冲突或重复。如剁椒、泡椒等香辣味调料不宜和番茄酱等酸甜味调料一同使用。豆豉、生抽等具有咸味的调料和盐容易重复。鸡蛋、菌菇等本身鲜味很足的食材不宜加味精、鸡粉调味。

中途补水法

蒸锅加的水量要足够，如果确实需要中途补水，则一定要快，以免蒸汽大量散掉。不要等水快烧干时才补，只要锅内的水偏少就可以立即补水，一定要加热水，避免水温猛降。如果食材本身偏干，含水量少，那么蒸锅内就更需要多补水，才能保证菜肴有鲜嫩的口感。

“蒸”功夫之秘诀篇·让蒸菜更好吃的技巧

掌握了基本技能，就能制作出美味又营养的蒸菜了，但是，如果希望为自己做出的菜肴“锦上添花”，或者使其成为一道拿手的“私房菜”，就必须得学几招秘诀啦！

秘诀1：原料入蒸锅前不能“缺水”

食材在放入蒸锅之后，一直处于饱和的水蒸气环境中，其所含的水分不易渗出，因此，切勿使食材在“缺水”状态下放入蒸锅。蔬果类食材切完之后如果不立即使用，可以放入凉水中浸泡；谷豆类、粉丝、干菌菇、干木耳、黄花菜等应充分泡发，用温水泡发效果更好；焯过水的食材可以先过一遍凉水再蒸制。

秘诀2：多利用末状、蓉状食材

肉末、鱼蓉、虾蓉等细碎的动物性食材便于调味、搭配，如加入蔬菜丁、香菇丁、蛋清等制成馅料，不但易于造型，可酿入蔬果中，还可卷入海带、蛋皮中，或在蒸盘中铺成饼状。将调好味的末状或蓉状食材沿着一个方向不停搅拌，使其上劲之后再蒸，能获得更加弹滑的口感。

秘诀3：学会挂糊上浆

将食材用谷物粉、浆等进行滚粉、包裹、挂糊、上浆等处理，可使其酥糯软烂、外香里嫩，尤其适用于禽畜肉、绿叶蔬菜以及切成丝状、片状的蔬菜，如胡萝卜丝、芋头片。在糊或者浆中可以进行多一次的调味，使菜肴味道更浓郁。对于使用肉类制作的菜肴来说，又起到了调节食物酸碱度的作用。

秘诀4：及时处理易出水的食材

有些食材稍微蒸一下就很容易出水，如整条的鱼，所以不妨先清蒸至熟透，然后倒掉多余的水分，再进行补充调味，千万不可任其“一蒸到底”。还可以在蒸盘底部放两根筷子将鱼身支起，防止鱼肉直接泡在汁液中。

秘诀5：基础味和补充味搭配使用

如果不是天然就具有诱人清香的食材，那么调味越丰富越好，不妨将基础味和补充味搭配食用。比如清蒸的绿叶蔬菜，蒸前加盐、酱油等调味，蒸好后再加些香油、辣椒油拌一拌，口感立即提升。而苦瓜酿肉末、蒸香菇盒等菜品，蒸熟后食材会偏干，这时再淋上一层薄芡，味道会大不一样。

PART

“蒸”香滑·禽肉类 2

禽肉富含的蛋白质可为上班族补充体力和脑力；胶原成分能帮助爱美的女性增强皮肤弹性。此外，禽肉对改善营养不良、调理虚弱体质、强健脾胃都有一定的作用，非常适合老人和儿童食用。

粉蒸鸡块

烹饪时间：31分钟　口味：鲜

原料准备

鸡块……………………255克
五香蒸肉米粉……125克
姜末、葱花………各少许

调料

料酒、生抽……各5毫升
白胡椒粉、鸡粉…各2克
老抽……………………3毫升
盐……………………………3克

制作方法

1 将鸡块装碗，加姜末、料酒、生抽、盐、老抽、鸡粉、白胡椒粉，拌匀，腌渍10分钟。
2 向鸡块中倒入蒸肉米粉，拌匀。
3 取蒸盘，摆入拌好的鸡块。
4 将蒸锅加水烧开，放入蒸盘，蒸约20分钟后取出，撒上葱花即可。

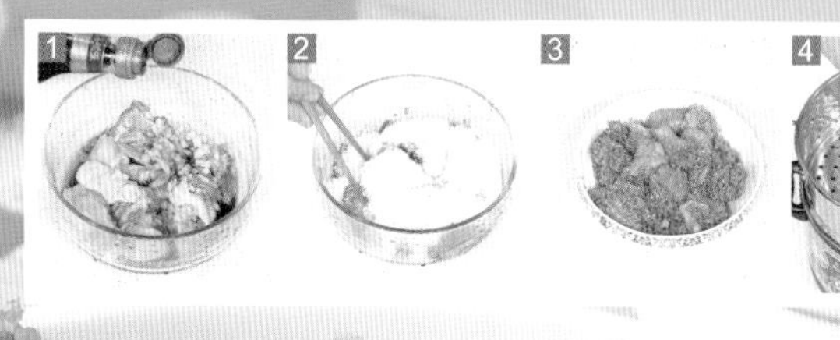

蒸·功·秘·诀

腌渍鸡肉的时间可以长一点，味道会更佳。

板栗蒸鸡

烹饪时间：35分钟　口味：鲜

原料准备

鸡肉块…………130克
板栗仁…………80克
葱段……………8克
葱花……………3克
姜片……………4克

调料

盐………………2克
白糖……………3克
生抽……………6毫升
料酒……………8毫升
老抽……………2毫升

制作方法

1 板栗仁切小块。
2 鸡肉块装碗，加料酒、生抽、盐拌匀，腌渍15分钟。
3 取大碗，倒入腌渍好的鸡肉块，放入姜片、葱段、板栗块、冰糖，拌匀，装入杯中，封上保鲜膜。
4 蒸锅加水烧开，放入食材，蒸约20分钟后取出，撕开保鲜膜即可。

蒸·功·秘·诀

腌渍鸡肉的时间可以长一些，这样更入味。

枸杞冬菜蒸白切鸡

烹饪时间：19分钟　　口味：鲜

原料准备

白切鸡………450克
冬菜……………25克
枸杞……………15克
姜蓉、葱花…各3克

调料

盐……………2克
鸡粉…………1克
香油………适量
食用油……适量

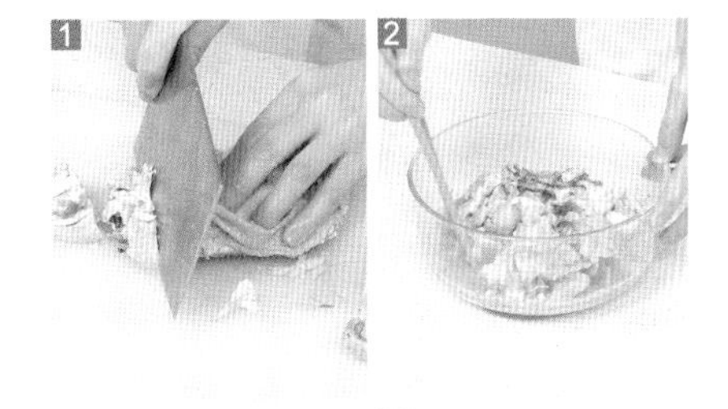

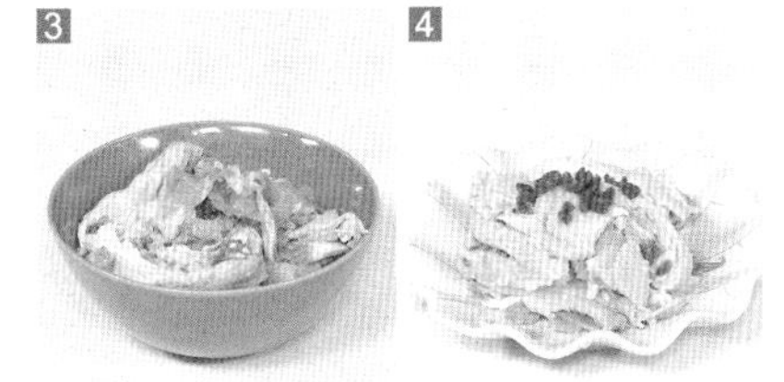

制作方法

1 将备好的白切鸡斩成块。
2 鸡块装碗，放入盐、姜蓉、鸡粉、冬菜、香油，拌匀。
3 另取一碗，放入拌好的食材，摆好造型。
4 将食材倒扣在蒸盘中，撒上洗净的枸杞。
5 蒸锅加水烧开，放入蒸盘，蒸约15分钟。
6 15分钟后取出蒸盘。
7 撒上葱花，将食用油烧热，浇上即可。

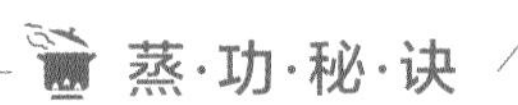

蒸·功·秘·诀

白切鸡应切成较大的块，这样摆盘时更美观。

蒸·功·秘·诀

豌豆苗的焯煮时间不宜太长，以免营养流失，降低食用价值。

姜汁蒸鸡

烹饪时间：35分钟　口味：鲜

原料准备

鸡块……………………300克
豌豆苗………………60克
高汤……………150毫升
姜汁……………… 15毫升
葱花………………………2克

调料

盐、鸡粉………… 各2克
生抽、料酒… 各8毫升
水淀粉…………15毫升
香油…………………适量

制作方法

1 鸡块加料酒、姜汁、盐，拌匀，腌渍片刻；豌豆苗焯煮至断生，待用。
2 取蒸碗，放入鸡块，摆好造型。
3 蒸锅加水烧开，放入蒸碗，蒸约30分钟后取出，倒扣在盘中，围上豌豆苗。
4 锅中注入高汤煮沸，加鸡粉、生抽、水淀粉、香油，调成味汁浇在蒸菜上，撒上葱花即可。

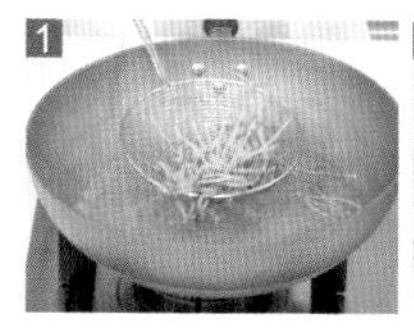
1

2

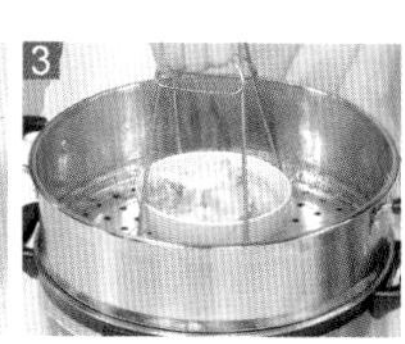
3

4

酒酿蒸鸡

烹饪时间：35分钟　口味：鲜

原料准备

鸡块……………260克

酒酿…………150毫升

姜片、葱段…各3克

调料

盐、鸡粉……各2克

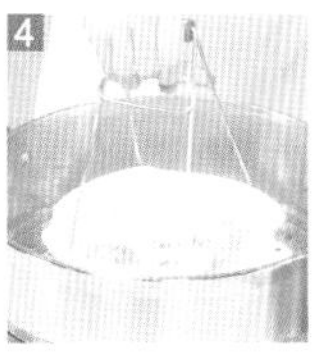

制作方法

1 鸡块装碗，加入盐和鸡粉，撒上葱段和姜片，拌匀，腌渍片刻。

2 放入酒酿，搅拌至食材混合均匀。

3 蒸锅加水烧开，放入蒸碗，蒸约30分钟。

4 取出蒸碗，稍微冷却后即可食用。

蒸·功·秘·诀

腌渍鸡肉时可加入少许白糖，蒸熟后的鸡肉会更鲜美。

蒸乌鸡

烹饪时间：35分钟　口味：香

原料准备

乌鸡……400克
姜丝…………8克
葱段………10克
草果…………2个

调料

盐、鸡粉…各2克
料酒………5毫升
生抽……10毫升

制作方法

1 将乌鸡斩成块。
2 在沸水锅中倒入乌鸡块，汆煮去血污，捞出装碗待用。
3 往乌鸡块中倒入料酒和生抽，放入姜丝和草果。
4 倒入盐，加入葱段和鸡粉，拌匀，腌渍15分钟。
5 将腌好的乌鸡块装入蒸盘。
6 蒸锅加水烧开，放入蒸盘，蒸约15分钟。
7 取出蒸盘即可。

蒸·功·秘·诀

汆煮乌鸡的时候可以放入少许葱叶和姜片，去腥效果更佳。

黄花菜蒸滑鸡

烹饪时间：41分钟　　口味：淡

原料准备

鸡腿……260克

水发黄花菜……80克

葱花、姜片……各3克

葱段……5克

调料

盐……3克

蚝油……8克

干淀粉……10克

生抽、料酒…各10毫升

食用油……适量

制作方法

1 水发黄花菜切段。

2 将鸡腿和水发黄花菜装碗，加入料酒、生抽、葱段、姜片、蚝油、盐、食用油、干淀粉，拌匀，腌渍20分钟。

3 取一蒸盘，倒入腌好的鸡腿。

4 蒸锅加水烧开，放入蒸盘，蒸20分钟取出，撒上葱花即可。

蒸·功·秘·诀

鸡腿要提前腌渍，这样可保持肉质的嫩滑。

蒸·功·秘·诀

土鸡也可以焯一道水，口感会更鲜美。

鲜菇蒸土鸡

烹饪时间：45分钟　口味：鲜

原料准备

平菇……150克

土鸡……250克

葱段……10克

姜丝……5克

调料

盐……3克

生抽……5毫升

料酒……7毫升

干淀粉……8克

制作方法

1 将土鸡装碗，加料酒、姜丝、葱段、生抽、盐，拌匀后腌渍15分钟加入干淀粉，拌匀。

2 将平菇撕碎，铺在鸡肉上。

3 蒸锅加水烧开，放入土鸡肉，蒸约30分钟。

4 将鸡肉取出，倒扣在盘中即可。

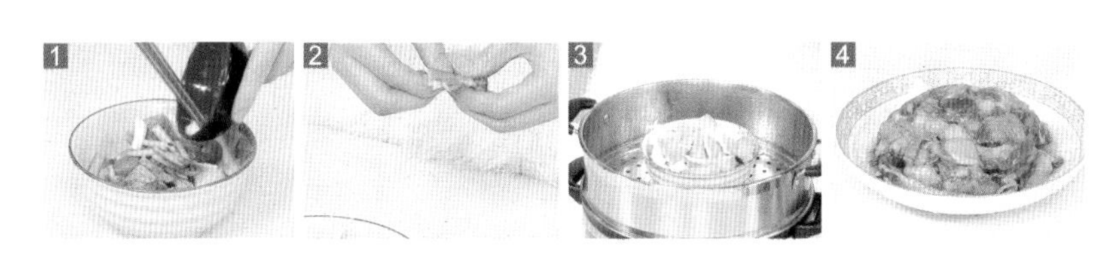

虫草花香菇蒸鸡

烹饪时间：33分钟　　口味：鲜

原料准备

鸡腿肉块…… 280克
水发香菇…… 50克
水发虫草花…25克
枸杞………………3克
红枣……………35克
姜丝………………5克

调料

盐、蚝油…各3克
干淀粉………10克
生抽…………8毫升

制作方法

1 将洗净的水发香菇切成片。
2 将水发虫草花切成小段。
3 鸡腿肉块装碗，加生抽、姜丝、蚝油、盐、枸杞、干淀粉，拌匀，腌渍10分钟。
4 取蒸盘，倒入腌渍好的食材，放入香菇片。
5 撒上虫草花段，放入红枣。
6 蒸锅加水烧开，放入蒸盘，蒸约20分钟。
7 取出蒸盘，稍微冷却后即可食用。

1
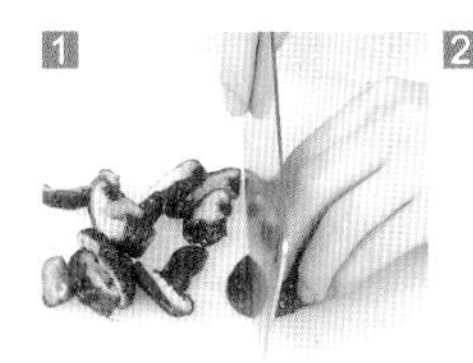

2

3

4

5

6

7

蒸·功·秘·诀

虫草花泡好后应再清洗一遍，能更有效地清除杂质。

蒸·功·秘·诀

在鸡腿上切几处刀花，这样蒸的时候鸡肉更易入味。

剁椒蒸鸡腿

烹饪时间：23分钟　口味：辣

原料准备

鸡腿……200克

红蜜豆……35克

姜片……少许

蒜末……少许

调料

剁椒酱……25克

海鲜酱……12克

料酒……3毫升

鸡粉……少许

制作方法

1 取一小碗，倒入剁椒酱、海鲜酱、姜片、蒜末、料酒、鸡粉，拌匀，制成辣酱。

2 取蒸盘，放入鸡腿摆好。

3 撒上红蜜豆，盛入调好的辣酱，铺匀。

4 蒸锅加水烧开，放入蒸盘，蒸约20分钟后取出即可。

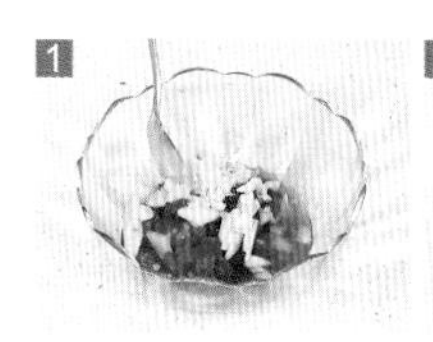

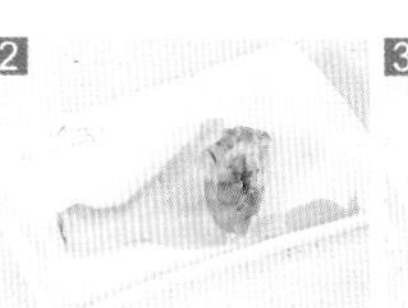

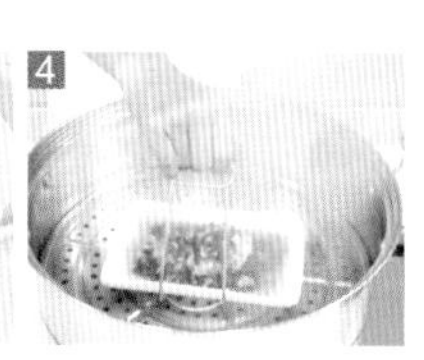

豆豉酱蒸鸡腿

烹饪时间：2小时　口味：鲜

原料准备

鸡腿……………500克
洋葱……………25克
姜末、蒜末……各10克
葱段……………5克

调料

料酒、生抽、
老抽……………各5毫升
白胡椒粉、盐…各2克
豆豉酱……………20克
蚝油……………3克

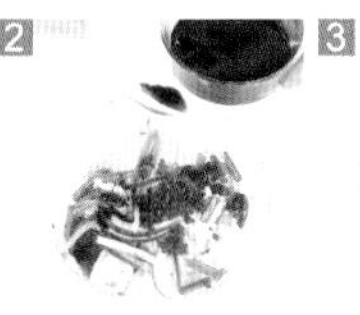

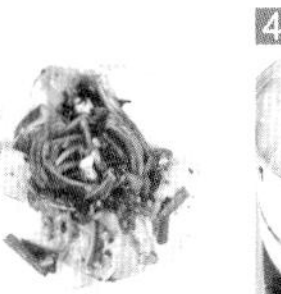

制作方法

1 将洋葱切成丝；鸡腿切开。
2 取一个碗，倒入鸡腿、洋葱丝、蒜末、姜末、葱段、豆豉酱、盐、蚝油、料酒、生抽、老抽、白胡椒粉，拌匀后用保鲜膜包好，放入冰箱腌渍2小时。
3 取蒸盘，放入腌渍好的食材。
4 蒸锅加水烧开，放入蒸盘，蒸约20分钟后取出即可。

蒸·功·秘·诀

加好调料后可以用手多捏捏鸡肉，这样更易入味。

蟹味菇木耳蒸鸡腿

烹饪时间：32分钟　　口味：鲜

原料准备

蟹味菇…… 150克

水发木耳… 90克

鸡腿……… 250克

葱花………… 少许

调料

干淀粉……………… 50克

盐………………………2克

料酒、生抽… 各5毫升

食用油……………… 适量

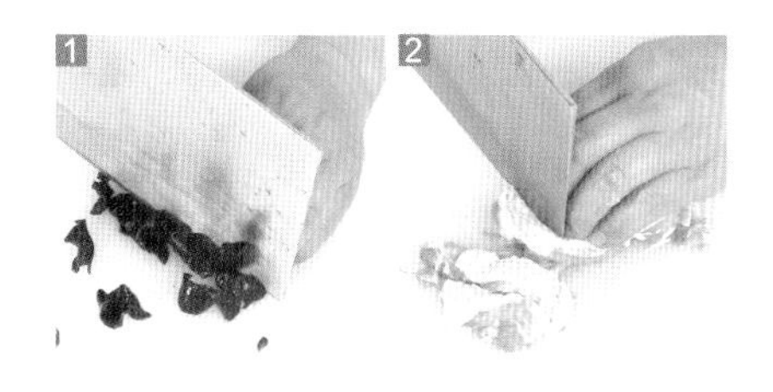

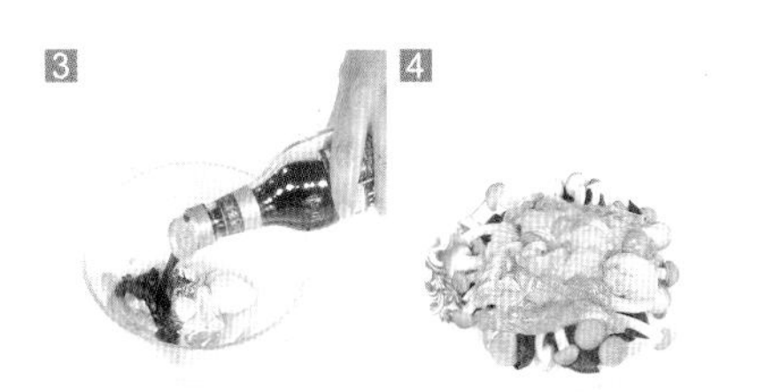

制作方法

1 将水发木耳切碎；蟹味菇切去根部。

2 将鸡腿剔去骨，切成块。

3 鸡腿肉装碗，加盐、料酒、生抽、干淀粉、食用油，拌匀，腌渍15分钟。

4 取一蒸盘，倒入木耳、蟹味菇、鸡腿肉。

5 蒸锅加水烧开，放入蒸盘。

6 盖上锅盖，大火蒸约15分钟至食材熟透。

7 掀开锅盖，取出蒸盘，撒上葱花即可。

蒸·功·秘·诀

去骨时最好将筋也剔去，蒸好的鸡肉口感会更滑嫩。

蒸·功·秘·诀

柱侯酱含有鲜味，可不放鸡粉。

珍珠蒸鸡翅

烹饪时间：36分钟　口味：香

原料准备

鸡中翅……250克
熟鹌鹑蛋…90克
水发香菇…30克
姜丝…………8克
葱花…………3克

调料

鸡粉…………2克
胡椒粉………1克
柱侯酱……20克
干淀粉……10克
料酒……10毫升

制作方法

1 鸡中翅两面切一字刀，装碗，加料酒、姜丝、胡椒粉、鸡粉、柱侯酱，拌匀，腌渍15分钟。

2 倒入泡好的水发香菇，放入干淀粉，拌匀。

3 鸡中翅摆盘，最后放上香菇，将熟鹌鹑蛋排列在鸡中翅两旁。

4 将蒸锅加水烧开，放入鸡中翅，蒸约20分钟后取出，撒上葱花即可。

啤酒蒸鸡翅

烹饪时间：36分钟　口味：香

原料准备

鸡中翅………6个
水发香菇……4朵
豌豆………50克
香菜…………2克
姜片…………5克
啤酒……100毫升

调料

盐……………2克
胡椒粉………1克
干淀粉………8克
生抽……10毫升
香油………2毫升

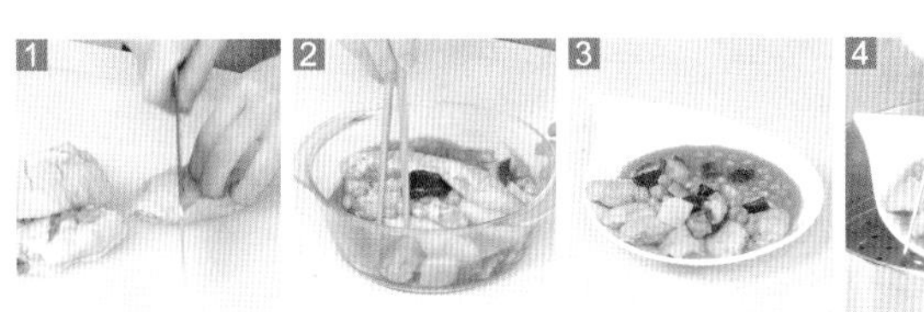

制作方法

1 水发香菇按十字刀切块；鸡中翅两面切一字刀。
2 鸡中翅、香菇块、豌豆装碗，加啤酒、生抽、胡椒粉、盐、姜片、香油、干淀粉，拌匀，腌渍15分钟。
3 将鸡中翅摆盘，倒入剩余的食材和腌渍汁。
4 将蒸锅烧开，放入鸡中翅，蒸约20分钟后取出，放上香菜即可。

蒸·功·秘·诀

可加入少许红椒一起腌渍，不仅使菜色更好看，还能为菜品增香。

虾酱蒸鸡翅

烹饪时间：27分钟　　口味：鲜

原料准备

鸡中翅…120克
姜末、蒜末、
葱花……各少许

调料

盐、老抽………各少许
生抽…………………3毫升
虾酱、干淀粉…各适量

制作方法

1 鸡中翅上打上花刀，放入碗中。
2 碗中淋入少许生抽和老抽，撒上姜末，倒入虾酱，加入盐和干淀粉，拌匀，腌渍约15分钟。
3 取一个干净的盘子，摆放上腌渍好的鸡中翅，待用。
4 蒸锅加水烧开，放入装有鸡中翅的盘子。
5 盖上锅盖，用中火蒸约10分钟至食材熟透。
6 揭开盖子，取出蒸好的鸡中翅。
7 趁热撒上葱花即成。

蒸·功·秘·诀

干淀粉的量要控制好，不要将鸡中翅包裹得过厚，否则会延长蒸熟的时间。

葱香豉油蒸鸡翅

烹饪时间：36分钟　口味：香

原料准备

鸡中翅……250克
香菜、姜丝……各8克
葱段……10克

调料

冰糖……30克
盐……2克
胡椒粉……1克
豉油、料酒…各8毫升
老抽……2毫升
食用油……适量

制作方法

1 鸡中翅两面切一字刀，装碗，加料酒、胡椒粉、盐，拌匀，腌渍15分钟。
2 用食用油起锅，下入葱段和姜丝爆香；倒入冰糖和鸡中翅，煎至冰糖稍溶化。
3 加入豉油和老抽，炒匀，盛出装盘。
4 蒸锅加水烧开，放入鸡中翅，蒸20分钟取出，放上香菜即可。

蒸·功·秘·诀

可先将冰糖溶化后再放入鸡翅煎制，这样能使鸡翅上色更好看。

蒸·功·秘·诀

鸡爪汆好水后可以入凉水中泡片刻，口感会更好。

辣酱蒸凤爪

烹饪时间：26分钟　口味：鲜

原料准备

鸡爪……………… 160克
朝天椒…………… 15克
姜片………………少许

调料

老抽………………3毫升
盐、鸡粉…………各2克
料酒、生抽…各5毫升
辣椒酱…………… 40克
食用油……………适量

制作方法

1 将朝天椒切成圈。
2 锅中注水烧开，倒入鸡爪，汆煮片刻后捞出。
3 油锅中下入姜片爆香，倒入鸡爪、辣椒酱、朝天椒，炒匀；加料酒、生抽、老抽、盐、鸡粉，炒至入味，盛出装盘。
4 蒸锅加水烧开，放入鸡爪，蒸约25分钟后取出即可。

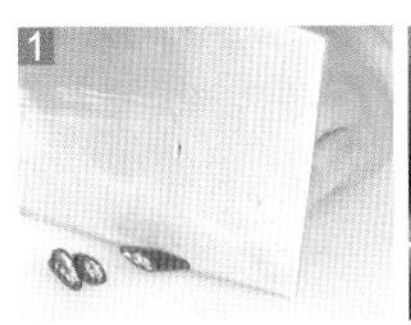
1

2

3

4

酱汁蒸虎皮凤爪

烹饪时间：2小时50分钟　　口味：鲜

原料准备

鸡爪……700克

水发黄豆…50克

干淀粉……15克

桂皮、八角、

姜片……各少许

调料

蚝油、白糖……各3克

生抽、料酒…各5毫升

盐……………2克

老抽……………3毫升

食用油……………适量

制作方法

1 将鸡爪对半切开。

2 锅中注水烧开，倒入鸡爪，汆煮片刻后捞出。

3 将油锅烧至三成热，倒入鸡爪，炸至转色后捞出，放入冰水中浸泡2小时至表皮起皱。

4 锅底留油，倒入桂皮、八角、姜片，爆香，加蚝油、生抽、清水，烧开。

5 加盐、白糖、料酒、老抽，倒入水发黄豆和鸡爪，炒匀，盛出装盘。

6 在鸡爪上撒上少许干淀粉，拌匀。

7 蒸锅加水烧开，放入鸡爪，蒸约40分钟后取出即可。

蒸·功·秘·诀

在炒制好的鸡爪中加入干淀粉再蒸制，可以使汤汁更浓稠。

豉汁粉蒸鸡爪

烹饪时间：41分钟　　口味：香

原料准备

鸡爪……200克
去皮南瓜…130克
花生……50克
蒸肉米粉……50克
豆豉……8克
姜丝……5克
葱花……4克

调料

白糖……5克
盐……3克
料酒……5毫升
老抽……2毫升
生抽……10毫升

制作方法

1 去皮南瓜切厚片，铺在盘底。
2 鸡爪切去趾甲，再对半切开，装碗，倒入花生，加老抽、生抽、姜丝、盐、料酒、白糖、豆豉，拌匀，腌渍10分钟。
3 向鸡爪中倒入蒸肉米粉，拌匀后倒在南瓜片上。
4 蒸锅加水烧开，放入鸡爪，蒸约30分钟后取出，撒上葱花即可。

蒸·功·秘·诀

可以将南瓜和鸡爪一起腌渍，蒸出来的味道会更香浓。

粉蒸鸭块

烹饪时间：45分钟　口味：咸

原料准备

鸭块……………… 400克
蒸肉米粉…………60克
姜蓉、葱段…… 各5克
葱花…………………3克

调料

盐………………………2克
生抽、料酒… 各8毫升
食用油……………… 适量

制作方法

1 将鸭块装碗，加料酒、姜蓉、葱段、生抽、盐、食用油，拌匀腌渍15分钟。
2 向鸭块中加入蒸肉米粉，拌匀。
3 将拌好的鸭块转入蒸盘中。
4 蒸锅加水烧开，放入蒸盘，蒸约30分钟后取出，撒上葱花即可。

蒸·功·秘·诀

鸭肉最好汆一下水，能减轻腥味，改善口感。

湘味蒸腊鸭

烹饪时间：17分30秒　　口味：鲜

原料准备

腊鸭块…………220克

辣椒粉……………10克

豆豉………………20克

蒜末、葱花…各少许

调料

生抽……………3毫升

食用油……………适量

制作方法

1 将油锅烧至四成热，倒入腊鸭块，炸出香味后捞出。

2 用食用油起锅，倒入蒜末和豆豉，爆香。

3 放入辣椒粉，炒出辣味；注入清水，大火煮沸；淋上生抽，调成味汁。

4 取一蒸盘，放入腊鸭块，将味汁均匀地浇在盘中。

5 蒸锅加水烧开，放入蒸盘。

6 盖上锅盖，用中火蒸约15分钟。

7 关火后揭盖，取出蒸盘，趁热撒上葱花即可。

蒸·功·秘·诀

鸭块可斩得大一些，这样蒸熟后更有嚼劲。

蒸·功·秘·诀

可根据个人的喜好增减啤酒的用量。

啤酒蒸鸭

烹饪时间：55分钟　口味：鲜

原料准备

鸭肉……………400克
啤酒…………150毫升
水发豌豆………90克
水发香菇……150克
姜末、葱段……各少许

调料

老抽……………5毫升
水淀粉…………9毫升
盐、胡椒粉…各2克
香油……………5毫升
食用油…………适量

制作方法

1 水发香菇去蒂，对半切开。

2 取一个碗，放入鸭肉、姜末、葱段、水发豌豆、水发香菇，倒入啤酒，加盐、胡椒粉、老抽、水淀粉、食用油，拌匀，腌渍15分钟，转入蒸盘。

3 蒸锅加水烧开，放入蒸盘，蒸约40分钟后取出。

4 热锅中倒入蒸盘中的鸭汤和清水，煮沸，加入水淀粉和香油，调成芡汁，浇在鸭肉上即可。

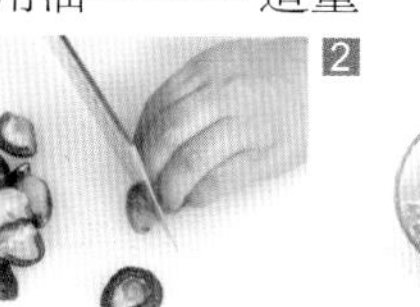

荷香蒸鸭

烹饪时间：46分钟　口味：香

原料准备

鸭肉块…………240克
水发香菇…………2朵
荷叶…………半张
姜片…………8克
葱花…………3克

调料

盐…………2克
胡椒粉…………1克
干淀粉…………8克
生抽、料酒…各8毫升

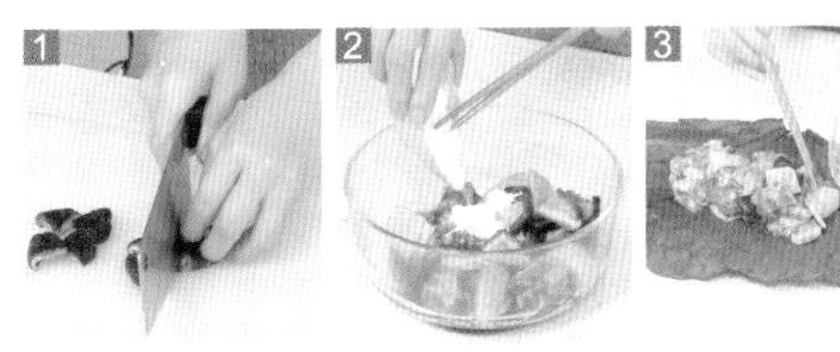
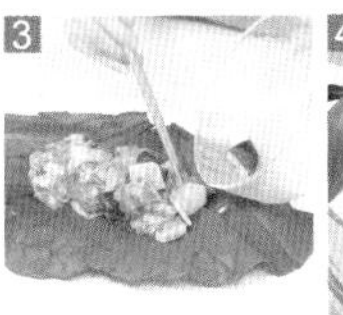
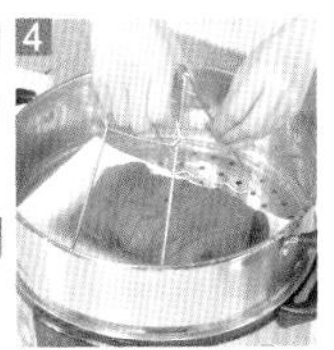

制作方法

1 水发香菇切块。
2 鸭肉块装碗，加料酒、姜片、生抽、盐、胡椒粉，拌匀，腌渍15分钟；放入香菇块、干淀粉，再次拌匀。
3 将荷叶摊开，放入腌好的食材，卷裹包好。
4 蒸锅加水烧开，放入食材，蒸约30分钟后取出，撕开荷叶，撒上葱花，即可食用。

蒸·功·秘·诀

鸭肉可汆煮一会儿再腌渍，可去除血水和脏污。

酸梅蒸烧鸭

烹饪时间：16分钟　口味：香

原料准备

烧鸭……300克

酸梅酱……50克

蒜末…………8克

调料

盐、鸡粉…各2克

白糖…………3克

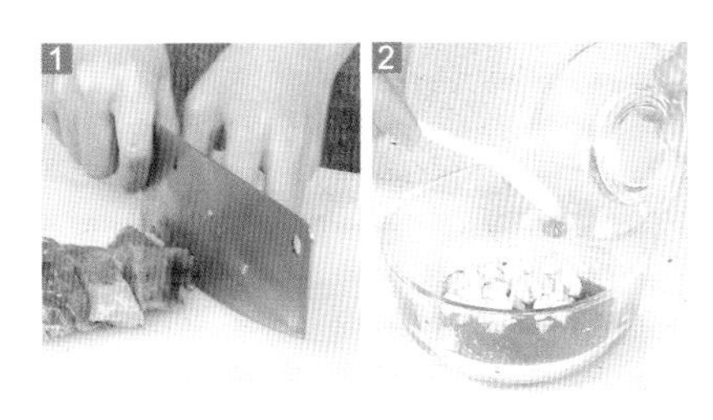

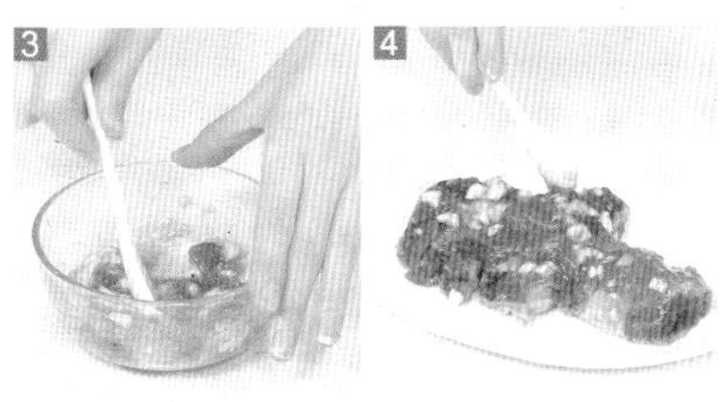

制作方法

1 将烧鸭斩成块，摆在盘中待用。
2 取空碗，倒入酸梅酱，放入蒜末。
3 加盐、白糖、鸡粉，拌匀成酱料。
4 将酱料均匀地倒在烧鸭块上。
5 取出已烧开水的蒸锅，放入烧鸭块。
6 盖上锅盖，调好时间旋钮，蒸约15分钟。
7 揭开盖，取出蒸好的酸梅烧鸭即可。

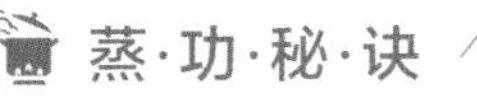

蒸·功·秘·诀

喜欢偏酸口味者，可少放白糖。

香芋蒸鹅

烹饪时间：46分钟　　口味：鲜

原料准备

鹅块……………… 400克
芋头……………… 200克
蒸肉米粉…………60克
青蒜叶……………10克
姜片、香菜碎… 各5克

调料

盐、蚝油………… 各3克
鸡粉………………… 2克
料酒、生抽… 各8毫升
食用油……………适量

制作方法

1 去皮的芋头切小块。
2 鹅肉装碗，加料酒、姜片、生抽、鸡粉、盐、蚝油、食用油，拌匀，腌渍15分钟，再加入蒸肉米粉，拌匀。
3 取一个蒸盘，放入芋头块，铺上青蒜叶，摆上鹅肉。
4 蒸锅加水烧开，放入蒸盘蒸30分钟取出，撒上香菜碎即可。

蒸·功·秘·诀

芋头最好切成菱形块，摆盘时更美观。

香菇红枣蒸鹌鹑

烹饪时间：46分钟　口味：香

原料准备

鹌鹑…………2只
红枣…………4颗
水发香菇……3朵
葱段…………8克
姜片…………5克

调料

盐……………2克
干淀粉………8克
料酒………5毫升
生抽…… 10毫升
食用油……适量

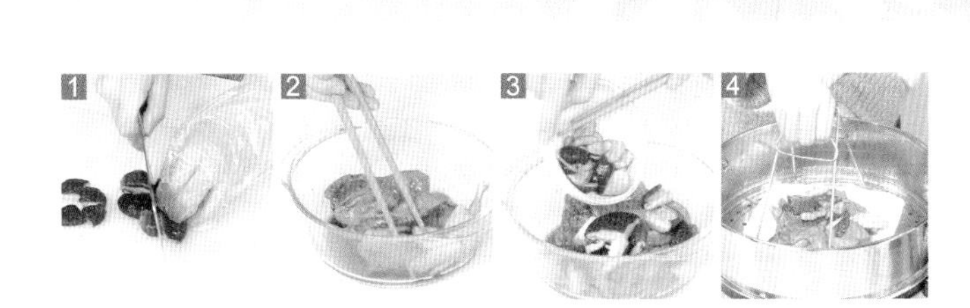

制作方法

1 水发香菇切块；红枣去核切块。
2 鹌鹑去掉头部和脚趾，对半切开，装碗，加料酒、姜片、葱段、生抽、盐、食用油，拌匀，腌渍15分钟。
3 往鹌鹑中加入干淀粉、香菇、红枣，拌匀后装入蒸盘。
4 蒸锅加水烧开，放入蒸盘，蒸约30分钟后取出即可。

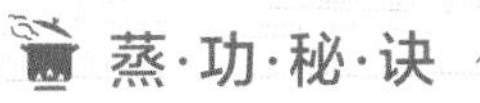

蒸·功·秘·诀

口味偏淡者，可不放盐或少放生抽。

Flower

红枣黄芪蒸乳鸽

烹饪时间：36分钟　口味：香

原料准备

乳鸽……………1只
红枣……………6颗
枸杞……………10颗
黄芪……………5克
葱段、姜丝…各5克

调料

盐……………2克
干淀粉……10克
生抽………8毫升
料酒……10毫升
食用油……适量

制作方法

1 乳鸽去掉头部和脚趾，对半切开，再斩成小块。
2 沸水锅中倒入乳鸽块，汆煮去血污，捞出，装碗。
3 往乳鸽中加料酒、葱段、姜丝、生抽、盐、食用油，拌匀，腌渍15分钟。
4 往腌渍好的乳鸽中倒入干淀粉，拌匀。
5 将乳鸽装入蒸盘，放入黄芪、枸杞、红枣。
6 蒸锅加水烧开，放入蒸盘。
7 盖上锅盖，蒸约20分钟后取出即可。

蒸·功·秘·诀

红枣可去核后再放入，能减少燥热。

PART

“蒸”鲜嫩·蛋和豆腐 3

蛋类富含卵磷脂，它是脑神经细胞的重要组成物质，对增强大脑反应速度、提高记忆力非常有效。豆腐素有“植物肉”之称，可为身体补充植物蛋白和钙质，并具有清热润燥、清洁肠胃的作用。

肉末蒸蛋

烹饪时间：13分钟　　口味：鲜

原料准备

鸡蛋……………………3个
肉末…………………90克
姜末、葱花…… 各少许

调料

盐、鸡粉……… 各2克
生抽、料酒… 各2毫升
食用油……………… 适量

制作方法

1 油锅下姜末爆香，倒入肉末，炒至变色，加生抽、料酒、鸡粉、盐，炒匀后盛出。

2 取一小碗，打入鸡蛋，加盐和鸡粉，打散调匀，分次注入少许温开水，调成蛋液。

3 取蒸碗，倒入蛋液，撇去浮沫。

4 蒸锅加水烧开，放入蒸碗蒸10分钟，撒上肉末、葱花即可。

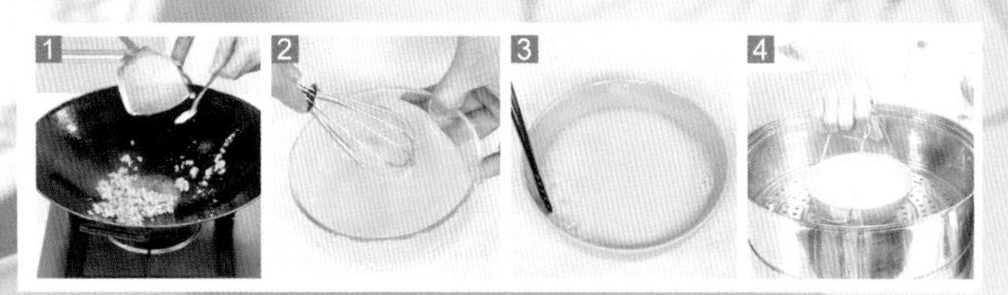

蒸·功·秘·诀

调制蛋液时水不要加太多，以免影响成品的口感。

牛奶蒸鸡蛋

烹饪时间：25分钟　口味：甜

原料准备

鸡蛋……………………2个

牛奶……………250毫升

提子、哈密瓜…各适量

调料

白糖…………………少许

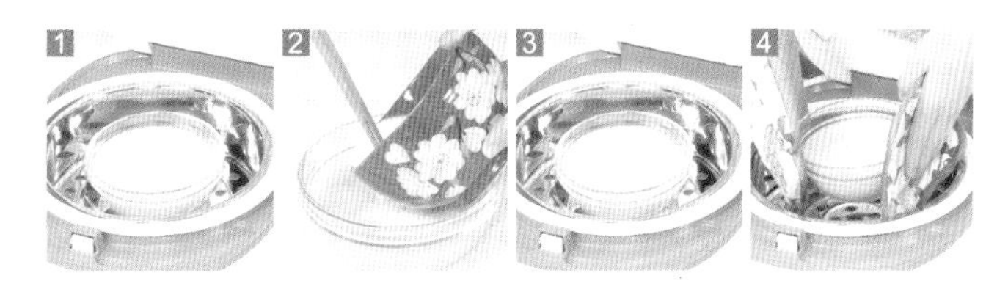

制作方法

1 鸡蛋打散调匀；提子洗净，对半切开；哈密瓜用挖勺挖成小球状。

2 把白糖倒入牛奶中，搅匀，再加入蛋液中，搅匀。

3 电饭锅中倒入清水，放上蒸笼，再放入牛奶蛋液，盖上盖子，选择“蒸煮”功能，时间定为20分钟。

4 取出蒸好的牛奶鸡蛋，放上提子、哈密瓜即可。

蒸·功·秘·诀

将牛奶隔水温热后再倒入蛋液中，可使蒸出来的蛋羹没有气孔，口感更佳。

姜丝红糖蒸鸡蛋

烹饪时间：11分钟　　口味：香

原料准备

鸡蛋…………2个

姜丝…………3克

调料

红糖…………5克

黄酒………5毫升

制作方法

1 取一个空碗，打入鸡蛋，搅拌均匀至微微起泡。

2 红糖加温水拌匀成红糖水，倒入蛋液中，边倒边搅拌。

3 放入姜丝，加入黄酒，搅拌均匀。

4 蒸锅加水烧开，放入搅拌好的蛋液，蒸约10分钟后取出即可。

蒸·功·秘·诀

可用两双筷子打散鸡蛋，这样能更快将蛋液打均匀。

蒸·功·秘·诀

蒸蛋羹的时候切记勿用大火，以免蒸老蛋羹，出现气孔以至于影响口感。

核桃蒸蛋羹

烹饪时间：9分钟　口味：淡

原料准备

鸡蛋…………2个

核桃仁………3个

调料

红糖………15克

黄酒………5毫升

制作方法

1 取一个碗，倒入温水，放入红糖，搅拌至溶化。

2 另取一个碗，打入鸡蛋，打散至起泡。

3 往蛋液中加入黄酒，搅匀，倒入红糖水，搅匀。

4 蒸锅加水烧开，放入处理好的蛋液，中火蒸约8分钟后取出；将核桃仁打碎，撒上即可。

莲藕鱼片蒸蛋羹

烹饪时间：22分钟　口味：淡

原料准备

去皮莲藕···150克

鱼············100克

鸡蛋··············2个

葱花··············5克

调料

盐··························2克

生抽、料酒···各8毫升

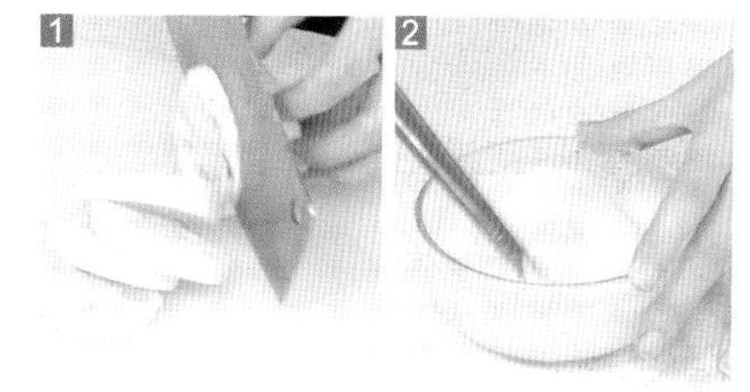

制作方法

1 去皮莲藕切片；鱼肉斜刀切片。

2 取一个空碗，打入鸡蛋，均匀打散。

3 将鱼片装碗，加入料酒和盐，拌匀，腌渍10分钟。

4 将藕片均匀地摆在盘底，放上鱼片，淋入蛋液。

5 蒸锅加水烧开，放入食材，加盖，蒸约10分钟至食材熟透。

6 取出蒸好的食材。

7 淋入生抽，撒上葱花即可。

蒸·功·秘·诀

生抽可以加少许清水和香油调兑后再淋入，味道会更好。

蒸·功·秘·诀

桑葚可以事先用凉水浸泡，能更好地析出成分。

桑葚枸杞蒸蛋羹

烹饪时间：32分钟　口味：鲜

原料准备

鸡蛋…………3个
桑葚………15克
枸杞…………8克
肉末………40克
核桃………20克

调料

盐……………2克

制作方法

1 锅中注水烧热，倒入桑葚煮15分钟，盛出汁液。
2 鸡蛋倒入碗中打散；用菜刀将核桃压碎，备用。
3 将肉末、核桃碎、枸杞、盐倒入蛋液中，拌匀，倒入桑葚汁，再次拌匀，用保鲜膜封住碗口。
4 蒸锅加水烧开，放入蛋羹，蒸约15分钟后取出，撕去保鲜膜即可。

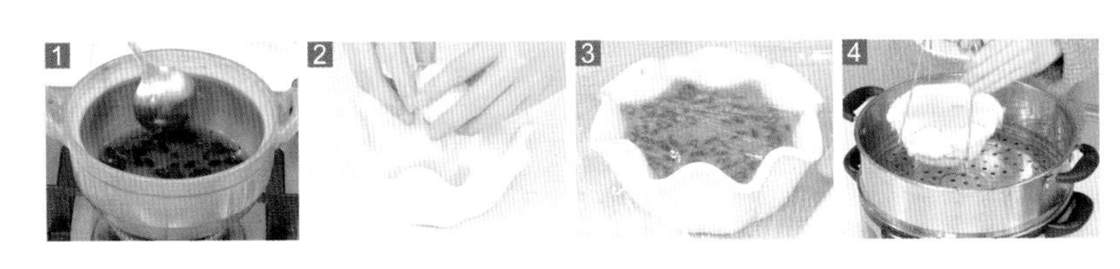

蒸三色蛋

烹饪时间：14分钟　口味：淡

原料准备

鸡蛋……………3个

去壳皮蛋………1个

调料

盐、鸡粉…各3克

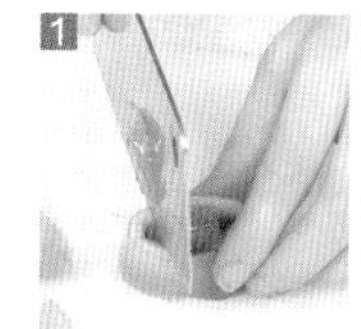
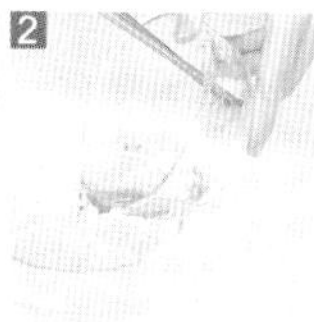

制作方法

1 去壳皮蛋切小块。

2 鸡蛋分蛋清和蛋黄装在两个碗中，分别加盐、鸡粉和清水，搅散。

3 取一个蒸盘，放入皮蛋，倒入蛋清液，入蒸锅蒸5分钟后取出。

4 注入蛋黄液，再蒸5分钟，取出切成小块即可。

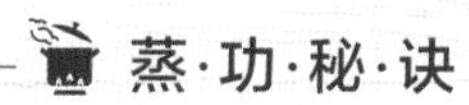

蒸·功·秘·诀

皮蛋最好切得小一些，蒸熟后口感会更松软。

香菇蒸鹌鹑蛋

烹饪时间：23分钟　口味：鲜

原料准备

鲜香菇……………7朵

鹌鹑蛋……………7个

枸杞、葱花…各2克

调料

盐………………2克

蒸鱼豉油…8毫升

制作方法

1 鲜香菇去除菌柄，铺放在蒸盘中。

2 将香菇摆开，再打入鹌鹑蛋。

3 撒上盐，点缀上洗净的枸杞，待用。

4 备好蒸锅，烧开水后放入蒸盘。

5 盖上盖，蒸约20分钟，至食材熟透。

6 揭盖，取出蒸盘。

7 趁热淋上蒸鱼豉油，撒上葱花即可。

蒸·功·秘·诀

撒上盐时要均匀，蒸熟后味道更佳。

豆浆蒸蛋

烹饪时间：9分钟　　口味：鲜

原料准备

鸡蛋……100克

豆浆…200毫升

调料

盐…………少许

制作方法

1 鸡蛋打入大碗中，撒上盐，打散；倒入豆浆，搅匀，制成蛋液。

2 取一个小碗，倒入蛋液，静置片刻。

3 蒸锅加水烧开，放入小碗，盖上盖，大火蒸约8分钟。

4 关火后揭盖，取出蒸好的蛋液即可。

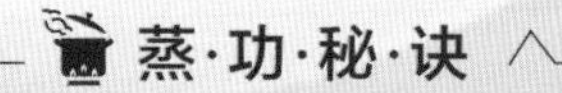

蒸·功·秘·诀

鸡蛋味道鲜美，制作时选用原磨豆浆，会保留蒸蛋的鲜嫩口感。

鲜虾豆腐蒸蛋羹

烹饪时间：14分钟　口味：鲜

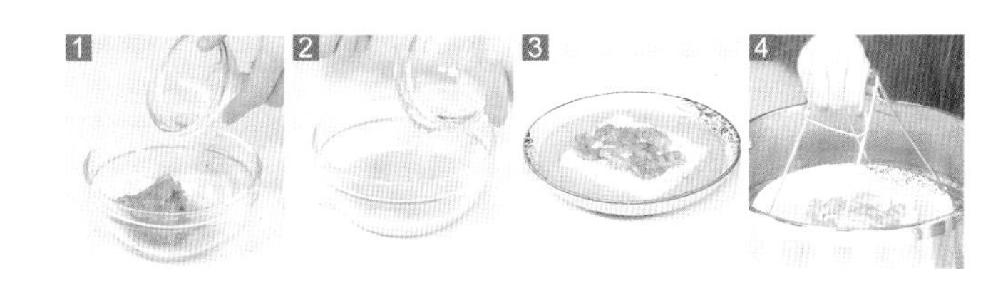

原料准备

豆腐……………260克
虾仁………………8只
葱花………………3克
鸡蛋液…………120克

调料

盐…………………3克
料酒、香油… 各5毫升
生抽……………10毫升

制作方法

1 豆腐切小方块；虾仁装碗，加料酒、盐、香油，拌匀，腌渍片刻。
2 将鸡蛋液装入小碗，注入清水，加盐，搅散，制成蛋液。
3 取一个蒸盘，放入豆腐块，倒入蛋液，放入虾仁。
4 蒸锅加水烧开，放入蒸盘，蒸约10分钟后取出，淋入生抽，撒上葱花即可。

蒸·功·秘·诀

蛋液一定要搅拌均匀，蒸熟后口感才鲜嫩。

蛤蜊蒸蛋

烹饪时间：12分钟　　口味：鲜

原料准备

鸡蛋.............2个
蛤蜊肉......90克
姜丝、
葱花.......各少许

调料

盐.................1克
料酒.........2毫升
生抽.........7毫升
香油.........2毫升

制作方法

1 将汆过水的蛤蜊肉装入碗中，放入姜丝、料酒、生抽、香油，搅拌匀。

2 鸡蛋打入碗中，加入少许盐，打散调匀，倒入少许清水搅拌片刻。

3 把蛋液倒入碗中，放入烧开的蒸锅中，盖上盖，用小火蒸10分钟。

4 揭开盖，在蒸熟的鸡蛋上放上蛤蜊肉，再盖上盖，用小火再蒸2分钟，取出，淋入少许生抽，撒上葱花即可。

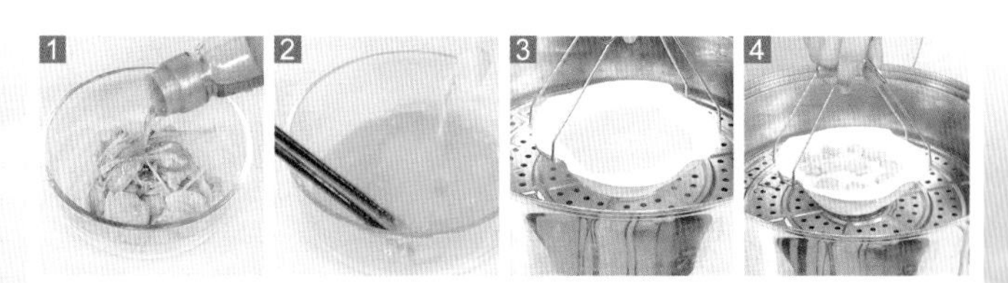

蒸·功·秘·诀

蛋液事先可过滤去掉泡沫，这样蒸出来的蛋液会更加细腻。

鲜橙蒸水蛋

烹饪时间：20分钟　口味：清淡

蒸·功·秘·诀

蛋液倒入橙盅时，不宜倒得太满，否则受热后会溢出。

原料准备

橙子…………1个

蛋液………90克

调料

白糖…………2克

制作方法

1 橙子在三分之一处切开，挖出果肉，制成橙盅和盅盖，将橙肉切成碎末。

2 取一个碗，倒入蛋液，放入橙肉和白糖，搅匀；加入适量清水，拌匀。

3 橙盅内倒入拌好的蛋液至七八分满，盖上盅盖。

4 蒸锅加水烧开，放入橙盅，蒸约18分钟后取出即可。

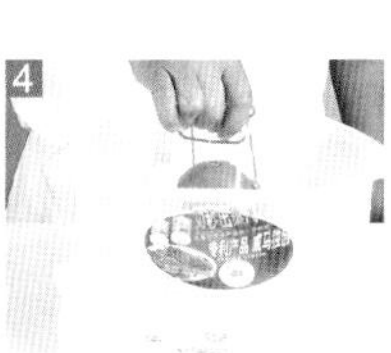

虾米干贝蒸蛋羹

烹饪时间：8分30秒　　口味：鲜

原料准备

鸡蛋………120克

水发干贝…40克

虾米…………90克

葱花…………少许

调料

生抽………5毫升

香油、

盐…………各适量

制作方法

1 取一个碗，打入鸡蛋，搅散。

2 加盐和温水，搅匀。

3 将搅好的蛋液倒入蒸碗中。

4 蒸锅烧开，放入蛋液，盖上盖，中火蒸5分钟至熟。

5 掀开锅盖，在蛋羹上撒上虾米和水发干贝。

6 盖上盖，续蒸3分钟至入味。

7 取出蛋羹，淋上生抽和香油，撒上葱花即可。

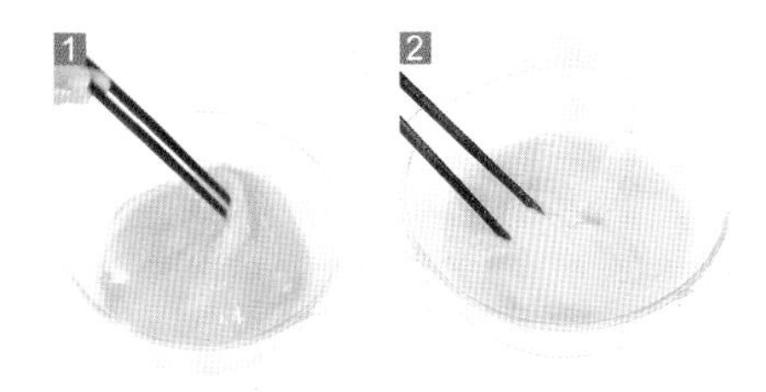

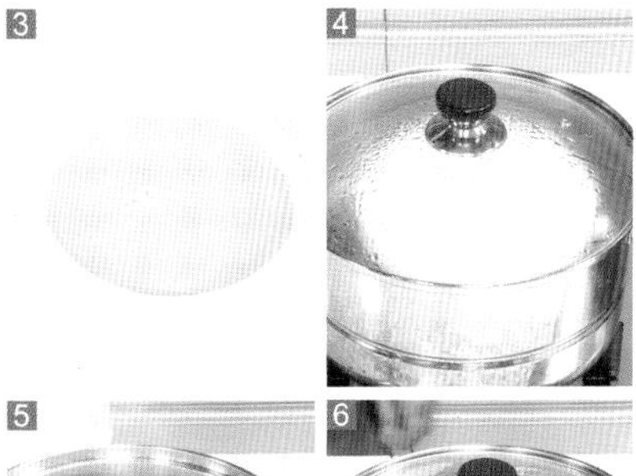

蒸·功·秘·诀

虾米可以用水泡发后再烹制，口感会更好。

蒸·功·秘·诀

鸭蛋需要蒸两次，应该把握好时间，以免口感变老。

香菇肉末蒸鸭蛋

烹饪时间：15分钟　口味：鲜

原料准备

香菇…………45克
鸭蛋……………2个
肉末………200克
葱花…………少许

调料

盐、鸡粉…各3克
生抽………4毫升
食用油………适量

制作方法

1 香菇切成粒；鸭蛋打入碗中，搅散；加盐、鸡粉、温水，拌匀。

2 用油起锅，放入肉末，炒至变色，加入香菇粒，炒香，加生抽、盐、鸡粉调味。

3 蒸锅加水烧开，放入蛋液，蒸约10分钟，揭盖，放上香菇肉末。

4 盖上盖，小火再蒸2分钟后取出，放上葱花，浇上熟油即可。

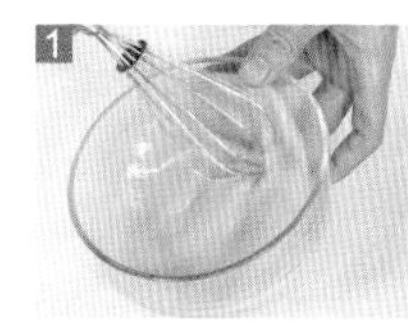

菠菜蒸蛋羹

烹饪时间：10分钟　口味：鲜

原料准备

菠菜…………25克

鸡蛋……………2个

调料

盐、鸡粉…各2克

香油…………适量

制作方法

1 菠菜切碎待用。

2 鸡蛋倒入碗中，打散，加入清水，搅匀。

3 放入盐和鸡粉，搅匀调味，再放入菠菜碎。

4 蒸锅加水烧开，放入蛋液，蒸约10分钟后取出，淋上香油即可。

蒸·功·秘·诀

蛋液蒸之前可以先封上一层保鲜膜，蒸好的蛋羹会更平滑。

什锦榨菜蒸豆腐

烹饪时间：8分钟　　口味：鲜

原料准备

豆腐……………………200克
火腿肠………………… 60克
玉米粒、豌豆… 各30克
榨菜…………………… 30克
蒜末………………………8克

调料

蚝油………… 8克
水淀粉… 15毫升
生抽……… 8毫升
食用油………适量

制作方法

1 豆腐切成片，装盘。
2 火腿肠切丁；榨菜切碎。
3 用油起锅，倒入蒜末爆香，放入玉米粒和豌豆，翻炒片刻。
4 倒入火腿肠和榨菜，炒匀。
5 加入蚝油和生抽，炒匀调味，淋入水淀粉勾芡。
6 将炒好的食材放在装好盘的豆腐片上。
7 蒸锅加水烧开，放入食材，蒸约5分钟后取出即可。

蒸·功·秘·诀

榨菜本身有一定的咸味，因此可以少放些生抽和蚝油，以免味道太咸。

双椒蒸豆腐

烹饪时间：13分钟　　口味：辣

原料准备

豆腐…………300克
小米椒、
剁椒…………各15克
葱花……………3克

调料

蒸鱼豉油……10毫升

制作方法

1 将洗净的豆腐切片。
2 取蒸盘，放入豆腐片，撒上剁椒和小米椒，封上保鲜膜。
3 备好蒸锅，烧开水后放入蒸盘，盖上盖，蒸约10分钟。
4 取出蒸盘，去除保鲜膜，淋上蒸鱼豉油，撒上葱花即可。

蒸·功·秘·诀

豆腐最好切得薄一些，更易蒸入味。

蒸·功·秘·诀

口味偏重者，可在炒梅干菜的时候加入少许盐。

梅干菜蒸豆腐

烹饪时间：12分钟　口味：咸

原料准备

豆腐…………200克
梅干菜…………50克
红椒丁…………10克
姜丝……………8克
葱花……………3克
豆豉……………4克

调料

蒸鱼豉油…10毫升
食用油…………适量

制作方法

1 豆腐切粗条，装盘；梅干菜切碎；豆豉切碎。

2 用油起锅，放入姜丝爆香；倒入豆豉炒匀；放入梅干菜炒香。

3 将炒好的菜铺在豆腐上，撒上红椒丁。

4 蒸锅加水烧开，放入食材，蒸约10分钟后取出，淋入蒸鱼豉油，撒上葱花即可。

1

2
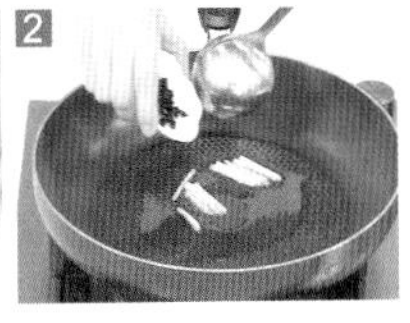
3

4
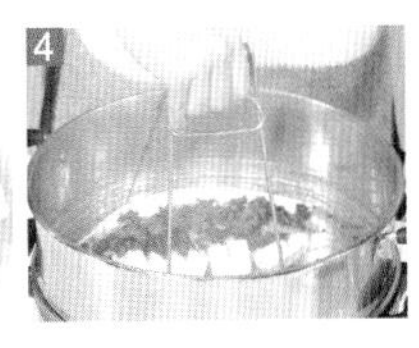

蒸·功·秘·诀

芽菜含有较多的盐分，烹饪前需用清水清洗一遍。

芽菜肉末蒸豆腐

烹饪时间：17分钟　口味：鲜

原料准备

豆腐……600克
芽菜……45克
肉末……70克
葱花……少许

调料

盐、鸡粉……各2克
料酒……4毫升
生抽、香油…各3毫升
老抽……2毫升

制作方法

1 豆腐切成小块。
2 取一个碗，倒入肉末、芽菜、葱花，加盐、鸡粉、料酒、生抽、老抽、香油，调成馅料。
3 将豆腐块装入盘中，铺上馅料。
4 蒸锅加水烧开，放入食材，蒸约15分钟后取出即可。

虾仁蒸豆腐

烹饪时间：19分钟　口味：鲜

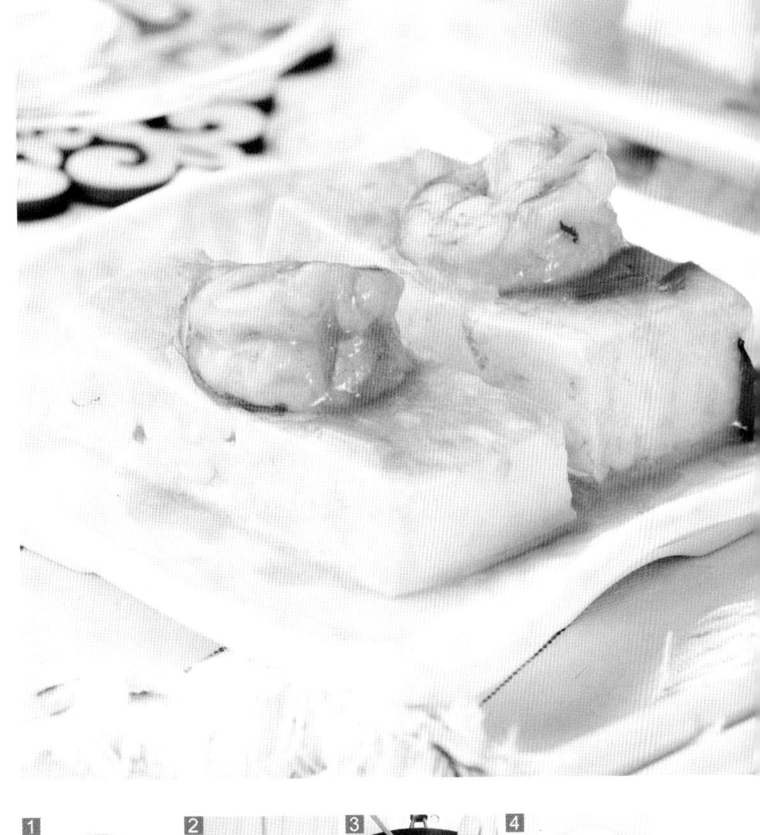

原料准备

虾仁………… 80克
豆腐块……300克
姜片、葱段、
葱花………各少许

调料

盐、鸡粉…各2克
干淀粉…………5克
白糖……………2克
蚝油……………3克
料酒……… 10毫升
水淀粉………少许
食用油………适量

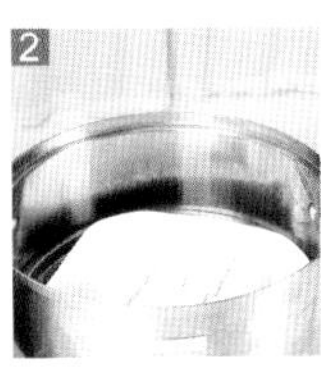

制作方法

1 虾仁去虾线，装碗，加盐、鸡粉、料酒、干淀粉、食用油，拌匀，腌渍10分钟。
2 豆腐块装盘，撒上适量盐，放入蒸锅，蒸5分钟后取出。
3 油锅下姜片、葱段、葱花爆香；倒入虾仁，加盐、鸡粉、白糖、蚝油、料酒、水淀粉，炒匀，盛出装碗。
4 在豆腐上放上炒好的虾仁，淋上锅中剩余的汁即可。

蒸·功·秘·诀

豆腐要切得大小均等，这样装盘时才美观。

咸鱼蒸豆腐

烹饪时间：12分钟　　口味：鲜

原料准备

咸鱼………50克

豆腐……200克

姜丝…………5克

葱花…………3克

调料

食用油……适量

蒸鱼豉油…适量

制作方法

1 将豆腐切成长方块。

2 咸鱼剔去骨，将肉切成粒。

3 热锅注油烧热，倒入咸鱼肉炒香。

4 将咸鱼盛出，铺在豆腐上，再放上姜片，浇上生抽。

5 蒸锅烧开，放入豆腐。

6 盖上锅盖，蒸约10分钟。

7 取出豆腐，淋上蒸鱼豉油，撒上葱花即可。

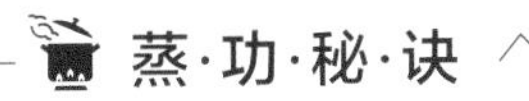

蒸·功·秘·诀

煎咸鱼的时候油温不宜过高，以免煎焦。

鲜鱿蒸豆腐

烹饪时间：27分钟　　口味：鲜

原料准备

鱿鱼………200克

豆腐………500克

红椒…………10克

姜末、蒜末、

葱花………各少许

调料

盐、鸡粉…各2克

蒸鱼豉油…5毫升

制作方法

1 红椒去籽，切成丁；鱿鱼切成圈；豆腐切成块，摆入盘中。

2 鱿鱼加蒜末、姜末、红椒、葱花、盐、鸡粉、蒸鱼豉油，拌匀，腌渍10分钟。

3 将鱿鱼圈铺在豆腐上，待用。

4 蒸锅加水烧开，放入豆腐，蒸约15分钟后取出，撒上葱花即可。

蒸·功·秘·诀

腌渍鱿鱼时可加入少许料酒，能减轻其腥味。

蒸酿豆腐

烹饪时间：27钟　口味：咸

原料准备

豆腐……………… 240克
瘦肉末……………50克
香菇碎……………30克
葱花………………… 3克
鸡蛋………………25克
蒜末………………… 5克

调料

料酒、生抽…各5毫升
盐、鸡粉………… 各3克
蚝油………………… 3克
水淀粉…………10毫升
食用油…………10毫升

制作方法

1 瘦肉末和香菇碎装碗，打入鸡蛋，加葱花、料酒、盐，拌匀，腌渍10分钟。
2 挖去豆腐的中间部分，将腌好的瘦肉末放进去。
3 蒸锅加水烧开，放入豆腐，蒸约15分钟后取出。
4 油锅倒入蒜末爆香，加蚝油、生抽、盐、鸡粉、清水、水淀粉，炒至入味，淋到豆腐上，撒上葱花即可。

蒸·功·秘·诀

做这道菜最好选择软硬适中的豆腐，既方便酿入肉末，吃起来又鲜嫩。

FOUR LEAF CLOVER

蒸冬瓜酿油豆腐

烹饪时间：16分钟　口味：鲜

原料准备

冬瓜……350克

油豆腐…150克

胡萝卜……60克

韭菜花……40克

调料

香油………5毫升

水淀粉……3毫升

盐、鸡粉、

食用油…各适量

制作方法

1 油豆腐对半切开，用手指将里面压实。

2 用挖球器将冬瓜挖成圆球；胡萝卜切成粒；韭菜花切成小段。

3 将冬瓜塞入油豆腐，待用。

4 蒸锅加水烧开，放入油豆腐，中火蒸约15分钟，取出。

5 热锅注油烧热，倒入胡萝卜和韭菜花，炒匀；注入清水，加盐和鸡粉调味。

6 加入水淀粉，淋上香油，调成酱汁。

7 将调好的味汁浇在蒸好的冬瓜上即可。

蒸·功·秘·诀

冬瓜球不宜挖得过大，以免塞不进油豆腐里。

蒸·功·秘·诀

肉馅可以多腌渍片刻，口感会更好。

榨菜肉末蒸豆腐

烹饪时间：10分钟　口味：鲜

原料准备

日本豆腐…………180克
肉末……………………70克
榨菜……………………30克
虾米……………………20克
姜末………………………5克
香菜…………………适量

调料

盐、鸡粉…………各2克
香油、胡椒粉…各适量

制作方法

1 日本豆腐切片，围着盘子摆成一圈。
2 肉末装碗，加榨菜、虾米、胡椒粉、鸡粉、香油、姜末、盐，拌匀后倒在日本豆腐上。
3 蒸锅加水烧开，放入日本豆腐，盖上盖，蒸约10分钟。
4 将蒸好的豆腐取出，撒上香菜即可。

干贝茶树菇蒸豆腐

烹饪时间：12分钟　口味：鲜

原料准备

豆腐……400克
茶树菇……50克
水发干贝…20克
蟹味菇……50克
姜末、蒜蓉、
葱花……各5克

调料

鸡粉……3克
盐……2克
生抽……8毫升
食用油……适量

制作方法

1 茶树菇切成长段；豆腐切成小块，装盘待用。
2 油锅下入姜末和蒜蓉爆香，放入茶树菇和蟹味菇，翻炒片刻。
3 倒入水发干贝炒匀，加盐和鸡粉调味，浇在豆腐上。
4 蒸锅加水烧开，放入豆腐，蒸约10分钟后取出，淋上生抽，撒上葱花即可。

蒸·功·秘·诀

倒干贝的时候可将泡干贝的水一起倒入，口感会更好。

虾仁豆腐羹

烹饪时间：12分钟　口味：鲜

原料准备

豆腐……200克
虾仁……50克
鸡蛋……50克
水发香菇……15克
葱花……2克

调料

干淀粉……8克
料酒……8毫升
盐……2克
香油、胡椒粉…各适量

制作方法

1 豆腐切块，虾仁剁泥，水发香菇切碎，一起放入碗中拌匀。
2 鸡蛋敲入碗中，打散，加料酒、胡椒粉、盐、干淀粉，拌匀。
3 将备好的材料倒入蒸盘，铺平。
4 蒸锅加水烧开，放入食材，蒸约10分钟后取出，淋上香油，撒上葱花即可。

蒸·功·秘·诀

豆腐不要拌得太碎，口感会更好。

蒸·功·秘·诀

可以浇少许热油在菜肴上，更能突出香辣味。

肉末腐竹蒸粉丝

烹饪时间：12分钟　口味：辣

原料准备

水发腐竹……80克
水发粉丝……50克
瘦肉末……70克
剁椒……20克
蒜末……8克
葱花、姜末…各3克

调料

盐……2克
胡椒粉……1克
料酒……7毫升
生抽……8毫升

制作方法

1 水发粉丝切三段，装盘；水发腐竹切段，放在粉丝上。

2 瘦肉末装碗，加料酒、姜末、盐、胡椒粉，拌匀。

3 将肉末铺在腐竹上，放上蒜末，铺上剁椒。

4 蒸锅加水烧开，放入食材，蒸约10分钟后取出，淋上生抽，撒上葱花即可。

1

2

3

4

Chef Chili

腊八豆蒸豆干

烹饪时间：12分钟　口味：辣

原料准备

豆干……200克

腊八豆……20克

剁椒……10克

蒜蓉……5克

葱花……2克

调料

盐……2克

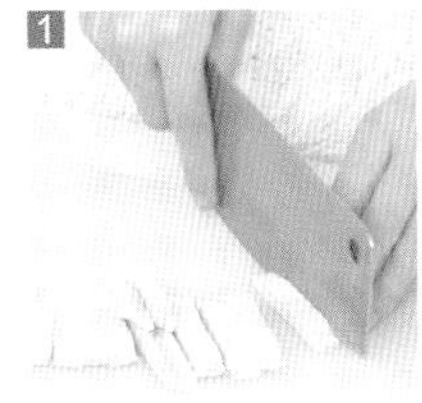

制作方法

1 豆干切成小段，装盘待用。

2 取一个空碗，倒入腊八豆。

3 加入剁椒、蒜蓉、盐，拌匀成调料。

4 将调料均匀倒在切好的豆干上。

5 取蒸锅，注水烧开，放入食材。

6 加盖，调好时间旋钮，蒸10分钟至食材熟透。

7 取出蒸好的豆干，趁热撒上葱花即可。

蒸·功·秘·诀

豆干放上调料可以拌匀稍腌片刻，这样会更入味。

PART

“蒸”香浓·猪牛羊肉 4

畜肉富含蛋白质、B族维生素、锌、钙、磷等多种维生素和矿物质，能快速增强体力、消除疲劳。牛肉能健脾益胃、增长肌肉；羊肉可温补气血、益肾强身；而猪肉则具有滋阴润燥的作用。

肉末蒸干豆角

烹饪时间：21分钟　　口味：香

原料准备

肉末……………100克

水发干豆角…100克

葱花………………3克

蒜末、姜末… 各5克

调料

盐……………………2克

干淀粉…………10克

生抽…………… 8毫升

料酒…………… 5毫升

制作方法

1 水发干豆角切碎，装碗待用。

2 肉末装碗，加料酒、生抽、盐、蒜末、姜末，腌渍10分钟，再放入干淀粉拌匀。

3 将肉末放入干豆角中拌匀，转到蒸盘中，压成肉饼。

4 蒸锅加水烧开，放入蒸盘，蒸10分钟取出，撒上葱花即可。

蒸·功·秘·诀

喜欢偏辣口味者，可以在肉末中放入适量剁椒拌匀。

玉米粒蒸排骨

烹饪时间：33分钟　口味：鲜

原料准备

排骨段……260克
玉米粒……60克
蒸肉米粉……30克
姜末……3克

调料

盐……3克
蚝油……10克
老抽……5毫升
生抽、料酒…各10毫升

制作方法

1 将排骨段装碗，加生抽、老抽、料酒、盐、蚝油、姜末，拌匀。
2 倒入蒸肉米粉，搅拌片刻。
3 将食材转到蒸盘中，撒上玉米粒，腌渍片刻。
4 蒸锅加水烧开，放入蒸盘，蒸约30分钟后取出即可。

蒸·功·秘·诀

腌渍排骨段的时间可长一些，这样蒸熟后味道会更好。

豉汁蒸排骨

烹饪时间：23分钟　口味：咸

原料准备

排骨段………260克
豆豉………………5克
蒜蓉、姜蓉…各3克
葱花………………2克
干淀粉……………6克

调料

盐、白糖………各2克
鸡粉…………………3克
蚝油…………………5克
料酒、生抽…各8毫升
食用油……………适量

制作方法

1 用油起锅，撒上蒜蓉和姜蓉，爆香，倒入洗净的豆豉，炒匀，关火待用。
2 将洗好的排骨段装碗，盛入锅中的食材，加白糖、盐、生抽、料酒、蚝油、鸡粉、干淀粉，拌匀，腌渍10分钟。
3 取一个蒸盘，放入腌渍好的食材，铺开。
4 备好电蒸锅，烧开水后放入蒸盘。
5 盖上盖，蒸约10分钟，至食材熟透。
6 断电后揭盖，取出蒸盘。
7 趁热撒上葱花即可。

蒸·功·秘·诀

将豆豉切碎之后再进行煸炒，豉香味更浓郁。

蒸·功·秘·诀

红薯切得小块一些，更易蒸熟。

红薯蒸排骨

烹饪时间：58分钟　口味：清淡

原料准备

排骨段……300克
红薯………120克
水发香菇… 20克
葱段、姜片、
枸杞………各少许

调料

老抽………2毫升
料酒………3毫升
生抽………5毫升
盐、鸡粉…各2克
胡椒粉、花椒油…各适量

制作方法

1 红薯切小块。
2 排骨段装碗，撒上姜片、葱段、枸杞，加盐、鸡粉、料酒、生抽、老抽、胡椒粉、花椒油，拌匀，腌渍20分钟。
3 取一个蒸碗，摆上水发香菇，放上排骨段，倒入红薯块，码放整齐。
4 蒸锅加水烧开，放入蒸碗，蒸约35分钟后取出，倒扣在盘中即可。

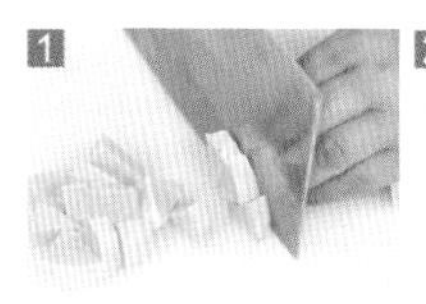

酱香黑豆蒸排骨

烹饪时间：30分钟　口味：香

原料准备

排骨……350克
水发黑豆…100克
姜末……5克
花椒……3克

调料

盐……2克
豆瓣酱……40克
生抽……10毫升
食用油……适量

制作方法

1 排骨装碗，倒入水发黑豆，放入豆瓣酱、生抽、盐、花椒、姜末、食用油，拌匀，腌渍20分钟。
2 将腌好的排骨装入蒸盘。
3 蒸锅加水烧开，放入蒸盘，加盖蒸约40分钟至熟软入味。
4 揭盖，取出蒸好的排骨即可。

蒸·功·秘·诀

腌渍排骨的时候可以加入少许白糖，能起到提鲜的作用。

腐乳花生蒸排骨

烹饪时间：50分钟　　口味：香

原料准备

排骨……250克
花生……80克
红椒丁……15克
葱花、姜末……各5克

调料

柱侯酱……5克
干淀粉……8克
腐乳汁、生抽…各10毫升
食用油……适量

制作方法

1 排骨装碗，倒入花生、红椒丁，加生抽、腐乳汁、柱侯酱、姜末，拌匀，腌渍15分钟。
2 倒入干淀粉和食用油拌匀。
3 将拌匀的排骨装入蒸盘。
4 蒸锅加水烧开，放入蒸盘，蒸30分钟，取出撒上葱花即可。

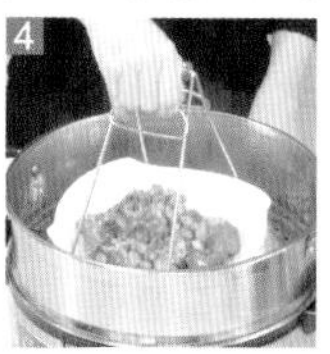

蒸·功·秘·诀

腐乳汁和柱侯酱都含有咸味，可少放生抽。

蒸·功·秘·诀

南瓜切的时候厚度最好均匀一些，摆盘时更整齐美观。

豆瓣排骨蒸南瓜

烹饪时间：11分钟　口味：咸

原料准备

排骨段………300克
南瓜肉………150克
葱花……………… 3克
姜片、葱段… 各5克

调料

豆瓣酱………… 15克
鸡粉……………… 3克
蚝油……………… 8克
干淀粉………… 5克
料酒………… 8毫升
生抽………… 10毫升

制作方法

1 南瓜肉切片。
2 排骨段装碗，撒上葱段和姜片，加料酒、生抽、鸡粉、蚝油、豆瓣酱、干淀粉，拌匀，腌渍片刻。
3 取一个蒸盘，放入南瓜片，摆上排骨段，码好。
4 蒸锅加水烧开，放入蒸盘，蒸约8分钟后取出，撒上葱花即可。

1 2  3  4 

豆瓣酱蒸排骨

烹饪时间：32分钟　口味：鲜

原料准备

排骨……………400克
葱段、姜片、
蒜片……………各少许
香菜……………适量

调料

盐、鸡粉…………各2克
料酒、生抽…各5毫升
蚝油……………………5克
豆瓣酱………………40克
淀粉…………………25克
食用油………………适量

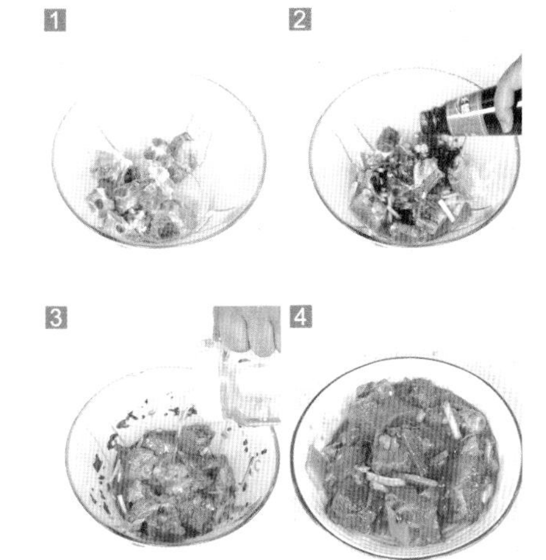

制作方法

1 取一个大碗，放入洗净的排骨。
2 加豆瓣酱、蒜片、姜片、葱段、料酒、生抽、盐、鸡粉、蚝油，拌匀。
3 加入淀粉拌匀，再倒入食用油拌匀，腌渍一会儿。
4 将拌好的排骨倒入蒸碗中。
5 蒸锅加水烧开，放入蒸碗。
6 加盖，大火蒸约30分钟至熟。
7 揭盖，取出蒸好的排骨，放上香菜点缀即可。

蒸·功·秘·诀

豆瓣酱和生抽本身都有咸味，可少放或不放盐。

香浓蚕豆蒸排骨

烹饪时间：32分钟　口味：鲜

原料准备

排骨……200克
蚕豆……85克
干淀粉……10克
姜蓉……5克

调料

盐……2克
生抽、料酒…各5毫升
老抽……3毫升

制作方法

1 排骨装碗，加料酒、姜蓉、生抽、老抽、盐、干淀粉，拌匀，腌渍15分钟。
2 再倒入蚕豆，搅拌片刻。
3 将拌好的食材倒入蒸盘中。
4 蒸锅加水烧开，放入蒸盘，蒸约15分钟后取出即可。

蒸·功·秘·诀

排骨也可先汆一道水，能增强口感。

干豆角腐乳蒸肉

烹饪时间：11分钟　口味：咸

原料准备

五花肉……150克
水发干豆角…70克
蒸肉米粉……80克
葱花…………3克

调料

鸡粉…………3克
腐乳…………15克
料酒…………5毫升
生抽…………10毫升

制作方法

1 水发干豆角切段；五花肉切片。
2 肉片装碗，加料酒、生抽、鸡粉、腐乳，拌匀；倒入蒸肉米粉，拌匀，腌渍一会儿。
3 取一个蒸盘，铺上干豆角段，放入腌渍好的肉片。
4 蒸锅加水烧开，放入蒸盘，蒸约8分钟后取出，撒上葱花即可。

蒸·功·秘·诀

干豆角的水发时间最好长一些，蒸熟后口感更佳。

香干蒸腊肉

烹饪时间：25分钟　　口味：咸

原料准备	调料
去皮白萝卜…200克	盐……2克
腊肉……250克	白糖……5克
香干……200克	生抽、料酒……各5毫升
豆豉……10克	白胡椒粉……4克
葱花……少许	水淀粉、食用油…各适量

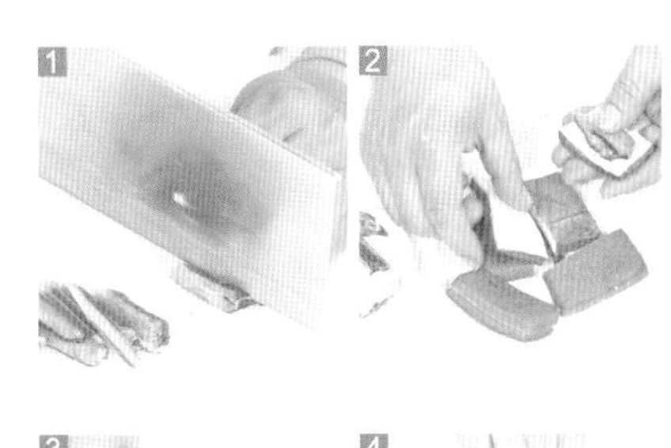

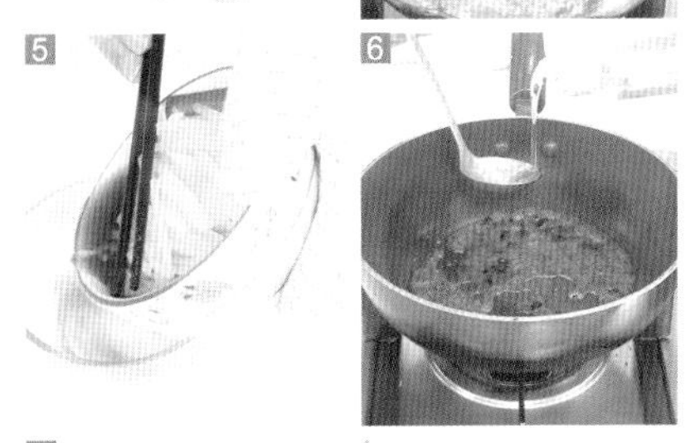

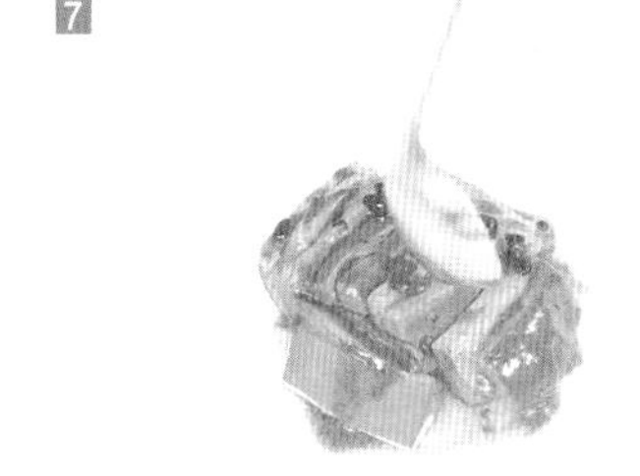

制作方法

1 去皮白萝卜切丝；腊肉切片；香干切长块。

2 取一块香干，放上腊肉片，再放上另一块香干，制成三明治状，摆在碗中，放上白萝卜丝。

3 取一个碗，加入生抽、料酒、盐、清水、食用油、白胡椒粉，制成调味汁，浇在白萝卜丝上。

4 将蒸锅加水烧开，放上菜肴，蒸约20分钟后取出。

5 将菜肴中的汁液倒入碗中，把香干、腊肉倒扣在盘子中。

6 油锅下入豆豉炒香，加入汁液和水淀粉略煮，再加入白糖和食用油调成酱汁。

7 将酱汁浇在蒸好的菜上，撒上葱花即可。

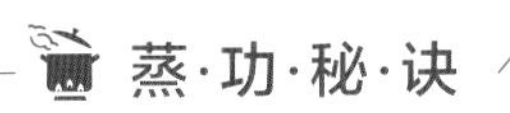

香干和腊肉不要切太大，这样更易入味。

荷香蒸腊肉

烹饪时间：21分钟　　口味：咸

原料准备

腊肉……150克
荷叶………半张
红椒丁……10克
姜末…………8克
葱花…………5克

制作方法

1 腊肉切片，下入沸水锅中，汆煮去盐分，捞出。
2 将洗净的荷叶摊开放在盘中，放入腊肉，撒上姜末、红椒丁、葱花，包紧实。
3 蒸锅加水烧开，放入包好的食材，加盖蒸20分钟至熟。
4 揭盖，取出蒸好的食材，食用时揭开荷叶即可。

蒸·功·秘·诀

汆煮腊肉的时候可以加入一点料酒，不仅可以去除盐分还能提香。

蒸·功·秘·诀

腊肉最好切得厚薄一致，口感会更好。

腊肉豆皮蒸春笋

烹饪时间：13分钟　口味：鲜

原料准备

腊肉……150克
春笋……120克
豆皮……100克
葱丝…………3克
姜丝…………8克
葱段…………5克

调料

盐……………3克

制作方法

1 锅中注水烧开，倒入腊肉，煮去盐分，捞出晾凉。
2 豆皮切条状；春笋斜刀切片；腊肉切薄片。
3 取一片腊肉摆在盘中，放入两片春笋，再放两片豆皮，摆好，撒上姜丝、盐、葱段。
4 蒸锅加水烧开，放入食材，蒸约10分钟后取出，撒上葱丝即可。

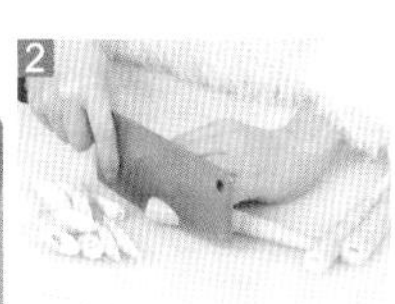

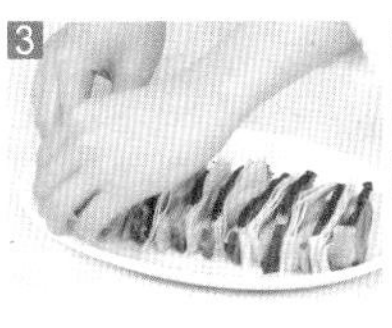

蒸·功·秘·诀

如果买的儿菜偏大偏老，可以将根部的老皮去除再使用。

儿菜蒸腊肠

烹饪时间：23分钟　口味：鲜

原料准备

腊肠……50克

儿菜……300克

姜丝……8克

调料

剁椒酱……10克

生抽……5毫升

制作方法

1 儿菜切成四瓣；腊肠斜刀切片。

2 取一个蒸盘，摆入儿菜、腊肠、姜丝。

3 蒸锅加水烧开，放入蒸盘，盖上盖，蒸约20分钟。

4 揭盖，淋上生抽和剁椒酱，盖上盖，闷3分钟至入味，取出即可。

蒸海带肉卷

烹饪时间：27分钟　口味：鲜

原料准备

水发海带…100克

猪肉馅……120克

葱花……………3克

姜蓉……………4克

调料

盐………………2克

生抽…………3毫升

香油…………2毫升

料酒…………2毫升

干淀粉…………5克

五香粉………少许

制作方法

1 猪肉馅装碗，加料酒、姜蓉、生抽、盐、五香粉，拌匀，放入干淀粉，搅拌至上劲。

2 倒入葱花，淋上香油，搅匀腌渍10分钟。

3 将水发海带铺开，倒入肉馅，铺平，慢慢卷起制成肉卷，切成小段，摆入蒸盘。

4 蒸锅加水烧开，放入蒸盘，蒸约15分钟后取出即可。

蒸·功·秘·诀

肉馅最好铺得厚薄均匀，口感会更好。

丝瓜蒸香肠

烹饪时间：17分钟　　口味：清淡

原料准备

去皮丝瓜………… 140克

香肠………………… 100克

罗勒叶、枸杞… 各少许

调料

生抽、食用油… 各适量

制作方法

1 去皮丝瓜切成段。

2 香肠斜刀切厚片。

3 丝瓜装盘，浇上生抽。

4 放上香肠，淋入适量食用油，摆放整齐。

5 蒸锅加水烧开，放上蒸盘，加盖，大火蒸约15分钟。

6 揭盖，取出蒸好的菜肴。

7 放上罗勒叶和枸杞点缀即可。

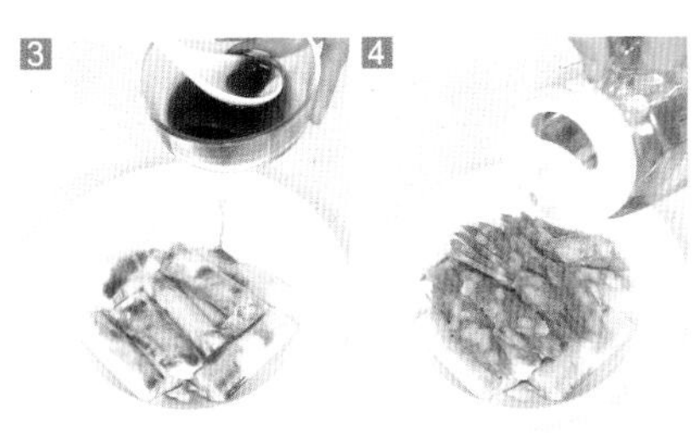

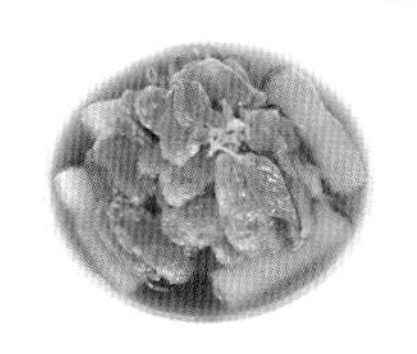

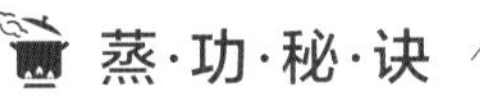

切好的丝瓜最好浸在清水中，以免氧化变黑。

咸鱼蒸肉饼

烹饪时间：11分钟　　口味：咸

原料准备

咸鱼··········50克

猪肉馅····150克

姜蓉·············8克

葱花·············2克

调料

胡椒粉·········1克

干淀粉·········8克

生抽·········5毫升

食用油·······适量

制作方法

1 咸鱼去骨取肉，切碎。

2 油锅中倒入咸鱼碎，炒至焦香，盛出装盘。

3 将猪肉馅装碗，倒入咸鱼碎、姜蓉、胡椒粉、生抽、干淀粉，拌匀，铺入蒸盘。

4 蒸锅加水烧开，放入蒸盘，蒸10分钟取出，撒上葱花即可。

拌馅料的时候可以加入蛋清，蒸出来的肉饼口感会更好。

蒸珍珠丸子

烹饪时间：33分钟　口味：鲜

原料准备

肉馅……200克
水发糯米…100克
胡萝卜……30克
水发香菇……15克
姜末……3克
蒜末……3克
蛋清……40克
葱花……3克

调料

生抽……8毫升
料酒……8毫升
鸡粉……2克
干淀粉……8克

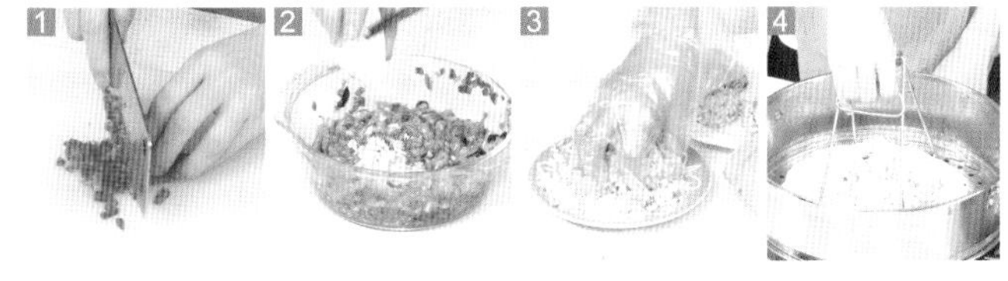

制作方法

1 胡萝卜和水发香菇切丝，再切碎。
2 取一个碗，倒入肉馅、胡萝卜、香菇、生抽、蛋清、料酒、蒜末、姜末、葱花、鸡粉拌匀。
3 倒入干淀粉，搅拌至肉馅上劲，制成肉丸，再裹上水发糯米。
4 蒸锅加水烧开，放入肉丸，蒸约30分钟后取出即可。

蒸·功·秘·诀

拌馅料的时候加入蛋清，蒸出来的肉丸口感会更好。

青豆蒸肉饼

烹饪时间：23分钟　　口味：清淡

原料准备

青豆……………50克
猪肉末………200克
葱花、
枸杞…………各少许

调料

盐、干淀粉…各2克
鸡粉………………3克
料酒、
蒸鱼豉油……各适量

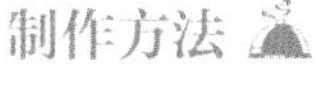

制作方法

1 猪肉末装碗，加盐、鸡粉、料酒、清水，拌匀。
2 加入干淀粉，沿着同一方向搅拌至上劲。
3 放入葱花，拌匀，制成肉馅。
4 取一个盘子，倒入青豆，将肉馅平铺在青豆上，用勺子压实。
5 蒸锅加水烧开，放上青豆肉饼，加盖，大火蒸约20分钟。
6 揭盖，取出蒸好的肉饼。
7 淋上蒸鱼豉油，撒上枸杞即可。

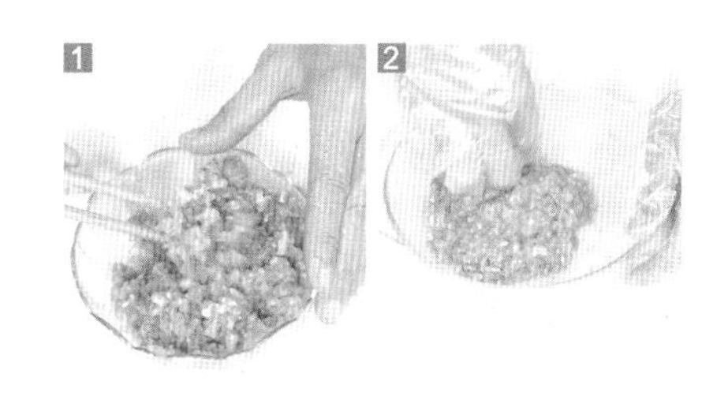

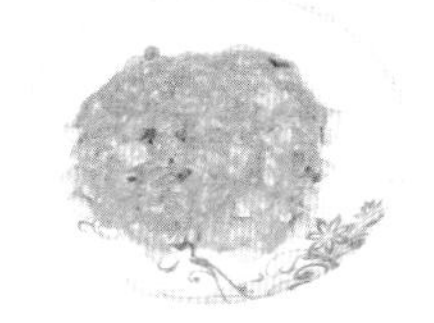

蒸·功·秘·诀

在制作肉馅的过程中，加水量以肉馅能完全吸收为准。

蒸·功·秘·诀

猪肝最好切得薄一些，蒸熟后口感更脆嫩。

红枣枸杞蒸猪肝

烹饪时间：20分钟　口味：鲜

原料准备

猪肝……200克
红枣……40克
枸杞……10克
葱花……3克
姜丝……5克

调料

盐、鸡粉、生抽、料酒、干淀粉、食用油…各适量

制作方法

1 红枣切开，去除果核；猪肝切片。
2 猪肝装碗，加料酒、生抽、盐、鸡粉、姜丝、干淀粉、食用油，拌匀，腌渍10分钟。
3 取一个蒸盘，放入猪肝、红枣、枸杞，摆好造型。
4 蒸锅加水烧开，放入蒸盘，蒸约5分钟后取出，撒上葱花即可。

韭菜豆芽蒸猪肝

烹饪时间：17分钟　口味：鲜

原料准备

猪肝……100克
豆芽……70克
韭菜……40克
姜丝……5克

调料

料酒……3毫升
生抽……5毫升
盐、鸡粉…各2克
干淀粉……10克
胡椒粉……适量
食用油……适量

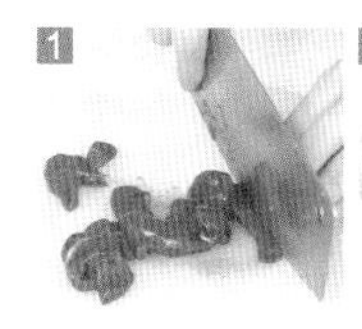

制作方法

1 豆芽切段；韭菜切段；猪肝切片。

2 猪肝片装碗，加料酒、生抽、盐、鸡粉、胡椒粉、姜丝、干淀粉、食用油，腌渍10分钟。

3 倒入韭菜段和豆芽段，拌匀，转入蒸盘中。

4 蒸锅加水烧开，放入蒸盘，蒸约6分钟后取出即可。

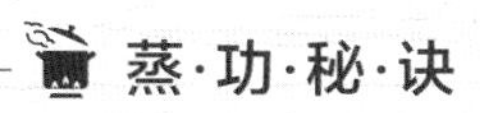

蒸·功·秘·诀

猪肝可以多腌渍片刻，口感会更鲜嫩。

粉蒸肚条

烹饪时间：35分钟　　口味：咸

原料准备

熟猪肚……120克

五花肉………80克

土豆…………240克

蒸肉米粉….50克

蒜末…………… 5克

腐乳………… 15克

豆瓣酱………20克

老抽……….. 2毫升

料酒……..10毫升

制作方法

1 熟猪肚切条；土豆切滚刀块；五花肉切片。

2 肚条和肉片装碗，加料酒、老抽、豆瓣酱、腐乳、蒜末、蒸肉米粉，拌匀，腌渍10分钟。

3 取一个蒸盘，放入土豆块，倒入腌渍好的食材。

4 蒸锅加水烧开，放入蒸盘，蒸约20分钟后取出即可。

五花肉最好切得薄一些，腌渍的时候更易入味。

蒸·功·秘·诀

牛肉最好切得薄一些，更易腌渍入味。

冬菜蒸牛肉

烹饪时间：20分钟　口味：咸

原料准备

牛肉………130克
冬菜…………30克
洋葱末……40克
姜末…………5克
葱花…………3克

调料

胡椒粉………3克
蚝油…………5克
水淀粉…10毫升
香油………3毫升

制作方法

1 牛肉切片。
2 肉片装碗，加蚝油、胡椒粉、姜末、冬菜、洋葱末、水淀粉、香油，拌匀，腌渍片刻。
3 将腌好的食材转到蒸盘中，摆好造型。
4 蒸锅加水烧开，放入蒸盘，蒸约15分钟后取出，撒上葱花即可。

1 
2 
3 
4 

小笼菜心蒸牛肉

烹饪时间：34分钟　口味：咸

原料准备

菜心········100克
牛肉········150克
蒸肉米粉···50克
姜蓉·············8克
葱花·············3克

调料

干淀粉·········8克
豆瓣酱·······15克
生抽·········8毫升
料酒······10毫升
食用油·······适量

制作方法

1 菜心切段；牛肉切片。
2 肉片装碗，加入料酒、生抽、豆瓣酱、姜蓉，拌匀。
3 倒入干淀粉，拌至肉上劲，腌渍15分钟。
4 加入少许食用油和蒸肉米粉，拌匀。
5 取一个小蒸笼，铺入菜心，倒入牛肉片，摆好造型。
6 蒸锅加水烧开，放入小蒸笼，盖上盖，蒸约15分钟。
7 取出小蒸笼，趁热撒上葱花即可。

蒸·功·秘·诀

干淀粉可适量多用一些，可使肉片的口感更柔嫩。

蒜香茶树菇蒸牛肉

烹饪时间：32分钟　　口味：咸

原料准备

牛肉……150克
茶树菇……150克
蒜蓉……18克
姜蓉……8克
葱花……3克

调料

盐、胡椒粉…各2克
蚝油……5克
干淀粉……8克
生抽……7毫升
料酒……8毫升
食用油……适量

制作方法

1 茶树菇切段，放入蒸盘，撒上盐腌渍一会儿。
2 牛肉切片装碗，加料酒、姜蓉、生抽、蚝油、胡椒粉、盐、食用油、干淀粉，拌匀，腌渍15分钟。
3 将牛肉铺在茶树菇上，撒上蒜蓉。
4 蒸锅加水烧开，放入蒸盘，蒸约15分钟后取出，撒上葱花即可。

蒸·功·秘·诀

牛肉切好后应切上花刀，腌渍时更易入味。

萝卜丝蒸牛肉

烹饪时间：32分钟　口味：辣

原料准备

白萝卜………200克
牛肉…………150克
葱花……………2克
蒜蓉、姜蓉…各5克

调料

盐……………………2克
辣椒酱……………5克
蒸鱼豉油……8毫升
料酒…………8毫升
香油…………3毫升

制作方法

1 白萝卜切丝，装碗，撒上盐，腌渍片刻。
2 牛肉切丝，装碗，加料酒、蒸鱼豉油、姜蓉、蒜蓉、香油、辣椒酱，拌匀，腌渍15分钟。
3 将腌好的萝卜丝挤去水分，倒入牛肉拌匀，转蒸盘中。
4 蒸锅加水烧开，放入蒸盘，蒸约15分钟后取出，撒上葱花即可。

蒸·功·秘·诀

白萝卜丝不宜切得太细，以免蒸熟后口感太绵软。

芥蓝金针菇蒸肥牛片

烹饪时间：20分钟　口味：鲜

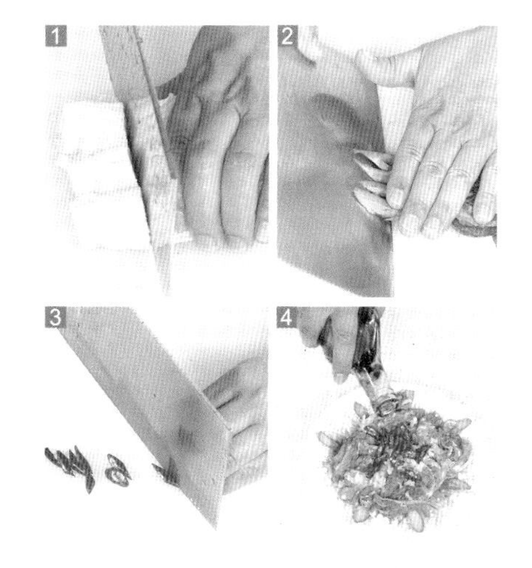

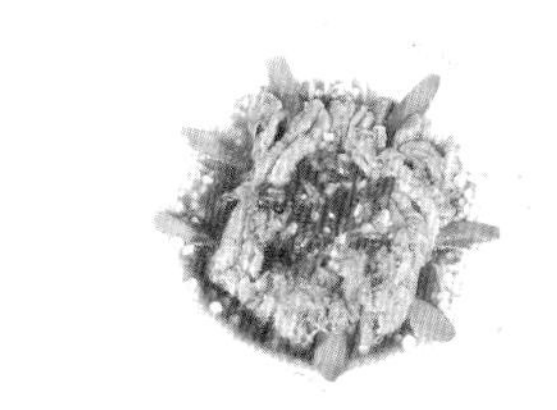

原料准备

金针菇....150克
肥牛片....250克
芥蓝........130克
姜末、蒜末、
朝天椒...各少许

调料

盐、鸡粉、
胡椒粉............各1克
生抽、
料酒............各5毫升

制作方法

1 洗净的金针菇切去根部。
2 洗好的芥蓝切去叶子，斜刀切两段。
3 洗净的朝天椒切圈。
4 取一盘，在盘的四周摆上切好的金针菇、芥蓝，接着放上肥牛片，最后放入姜末、蒜末、朝天椒圈，倒入料酒，待用。
5 蒸锅注水烧开，放上装有食材的盘子，加盖，用大火蒸20分钟至熟，取出蒸好的食材。
6 另起锅开中火，倒入盘中多余的汁液，加入盐、生抽、鸡粉、胡椒粉。
7 拌匀，掠去浮沫，制成调味汁，浇在菜肴上即可。

蒸·功·秘·诀

撒盐时要均匀一些，蒸熟后味道更佳。

蒸·功·秘·诀

牛柳切3至4厘米长，一根筷子粗左右即可。

豉汁蒸牛柳

烹饪时间：27分钟　口味：香

原料准备

牛肉……………200克
青椒、红椒…各20克
豆豉………………8克
葱花………………3克
蒜末、姜末…各5克

调料

盐、鸡粉……各2克
干淀粉……………5克
料酒……………3毫升
生抽……………7毫升
食用油…………适量

制作方法

1 青椒、红椒切条；牛肉切条成牛柳。
2 牛柳装碗，加料酒、姜末、蒜末、生抽、盐、鸡粉、豆豉、青椒、红椒，拌匀，腌渍15分钟。
3 倒入干淀粉和食用油，拌匀，转入蒸盘中。
4 蒸锅加水烧开，放入蒸盘，蒸约10分钟后取出，撒上葱花即可。

香菜蒸牛肉

烹饪时间：26分钟　口味：香

原料准备

牛肉……150克
香菜……40克
蛋清……30克

调料

盐……2克
胡椒粉……1克
干淀粉……5克
料酒……8毫升
生抽……8毫升

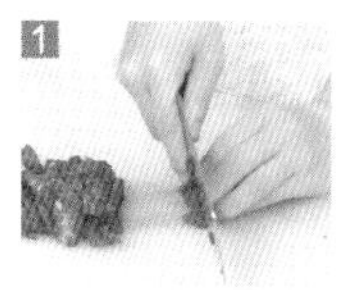

制作方法

1 牛肉切片。
2 肉片装碗，加料酒、生抽、盐、胡椒粉、蛋清、干淀粉，拌匀，腌渍15分钟。
3 放入香菜，拌匀后将食材转入蒸盘中。
4 蒸锅加水烧开，放入蒸盘，蒸约10分钟后取出即可。

蒸·功·秘·诀

肉片加入蛋清腌渍，蒸出来的口感更滑嫩。

粉蒸牛肉

烹饪时间：20分钟　　口味：辣

原料准备

牛肉……150克
蒸肉米粉……30克
蒜末、姜末、
葱花……各3克

调料

豆瓣酱……10克
盐……3克
料酒、生抽…各8毫升
食用油……适量

制作方法

1 牛肉切片。
2 肉片加料酒、生抽、盐、蒜末、姜末、豆瓣酱，拌匀。
3 加入蒸肉米粉，注入食用油拌匀，腌渍片刻，转到蒸盘中。
4 蒸锅加水烧开，放入蒸盘，蒸15分钟取出，撒上葱花即可。

蒸·功·秘·诀

切好的牛肉可以用刀背拍打一下，牛肉口感会更好。

蒸·功·秘·诀

羊肉可以多腌渍片刻，口感会更鲜嫩。

丝瓜蒸羊肉

烹饪时间：36分钟　口味：鲜

原料准备

丝瓜……200克
羊肉……400克
咸蛋黄……1个
干淀粉……25克
姜片、蒜末、
葱段……各少许

调料

盐、胡椒粉……各2克
料酒、生抽…各5毫升
香油……4毫升
食用油……适量

制作方法

1 丝瓜切段；羊肉切片。
2 羊肉装碗，加盐、料酒、胡椒粉、干淀粉、食用油，拌匀，腌渍10分钟。
3 取一个蒸盘，铺上丝瓜，倒入羊肉，放上蒜末、葱段、姜片、掰碎的咸蛋黄块。
4 蒸锅加水烧开，放入蒸盘，蒸约25分钟后取出，摆上葱段，淋上生抽和香油即可。

1
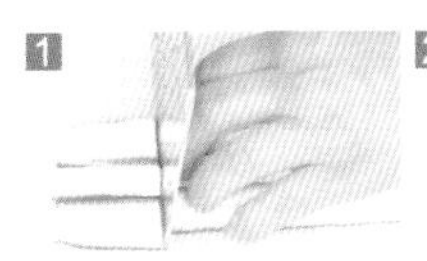
2

3
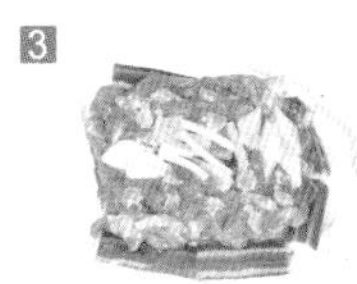
4

鲜椒蒸羊排

烹饪时间：35分钟　口味：鲜

原料准备

羊排段…………300克
青椒、红椒… 各25克
剁椒………………25克
姜蓉………………10克
葱花………………3克

调料

胡椒粉………1克
盐………………2克
料酒………8毫升

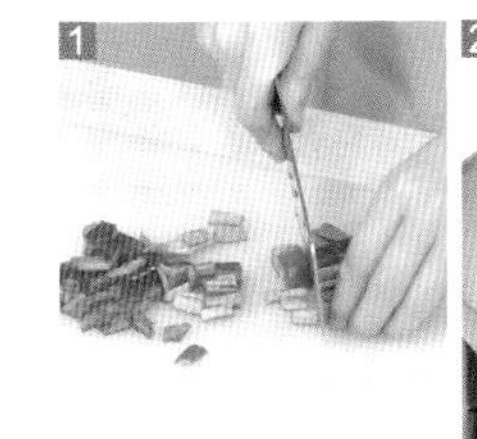

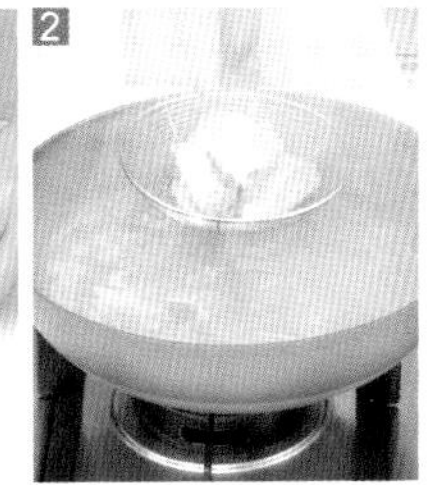

制作方法

1 青椒、红椒切丁。
2 锅中注水烧开，倒入羊排段，汆煮去血渍，捞出洗净。
3 羊排装碗，加料酒、姜蓉、盐、胡椒粉、剁椒，拌匀。
4 倒入青椒丁和红椒丁，拌匀，腌渍片刻，转入蒸盘中，摆好造型。
5 蒸锅加水烧开，放入蒸盘，加盖，蒸约30分钟。
6 揭盖，取出蒸盘。
7 趁热撒上葱花即可。

蒸·功·秘·诀

羊排汆水时可加入少许料酒，能减轻膻味，改善口感。

PART

“蒸”美味·鱼虾贝类 5

鱼、虾、贝类等水产品含有丰富的碘，可促进人体的新陈代谢；其含有的脂肪为不饱和脂肪酸，具有保护心脏的作用；此外还含有被称为“脑黄金”的DHA，能促进大脑发育，尤其适合孕妇和儿童食用。

蒸·功·秘·诀

梅干菜切碎后最好在清水里浸泡一会儿，能有效去除多余的盐分。

梅干菜蒸鱼段

烹饪时间：12分钟　口味：鲜

原料准备

草鱼肉…………260克
水发梅干菜…100克
葱丝、姜丝… 各5克

调料

盐……………………3克
白糖…………………5克
蒸鱼豉油……10毫升
食用油……………适量

制作方法

1 水发梅干菜切碎；草鱼肉切段。
2 锅中倒入梅干菜，炒干水汽后，加入盐和白糖炒匀，盛出铺在蒸盘中，再摆上草鱼段，撒上姜丝。
3 蒸锅加水烧开，放入蒸盘，蒸约10分钟后取出。
4 拣出姜丝，撒上葱丝，浇上热油，淋上蒸鱼豉油即可。

清香蒸鲤鱼

烹饪时间：15分钟　口味：香

原料准备

鲤鱼………500克

姜片………10克

葱丝………10克

调料

盐………3克

胡椒粉………1克

蒸鱼豉油…8毫升

食用油………适量

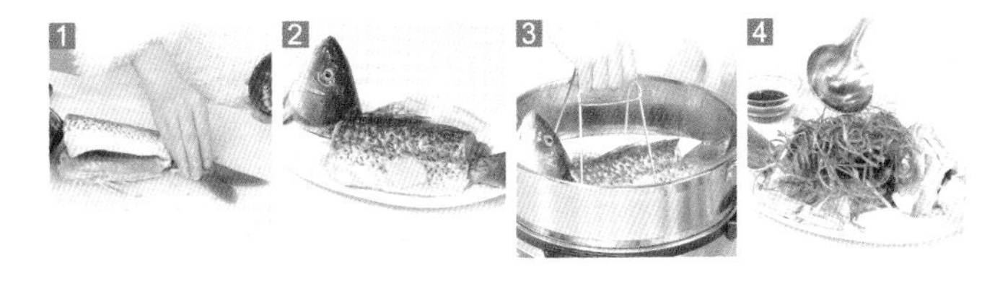

制作方法

1 鲤鱼切下头尾，均匀地抹上盐和胡椒粉。

2 将鱼头竖在盘子一端，摆好鱼身和鱼尾，放上姜片。

3 蒸锅加水烧开，放入鲤鱼，加盖，蒸约10分钟后取出，取走姜片，倒掉汁液，放上葱丝。

4 锅中注入食用油，烧至八成热，浇在鲤鱼上，再淋上蒸鱼豉油即可。

蒸·功·秘·诀

用筷子插入鲤鱼，如果很轻松就插透了，说明鱼已蒸熟。

剁椒蒸鱼头

烹饪时间：22分钟　　口味：辣

原料准备

鱼头……………1个

蒜末、姜末、

葱花…………各3克

调料

盐、白糖…各3克

辣酱…………10克

剁椒…………50克

鸡粉……………2克

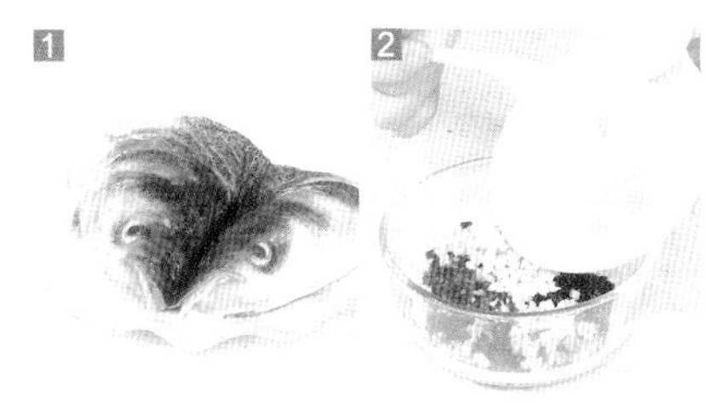

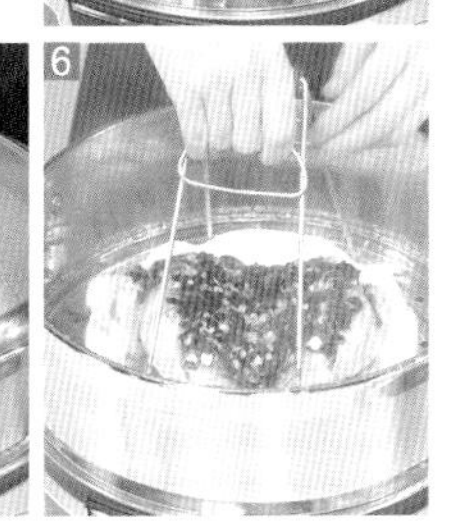

制作方法

1 将切好的鱼头两边分别抹上盐，腌渍10分钟。

2 取一个碗，倒入剁椒、辣酱、蒜末、姜末、白糖、鸡粉，拌匀，制成调料。

3 将拌好的调料放在腌好的鱼头上。

4 取蒸锅，注入适量清水烧开，放入鱼头。

5 盖上盖，大火蒸约10分钟。

6 揭盖，取出蒸好的鱼头。

7 趁热撒上葱花即可。

蒸·功·秘·诀

要将鱼头切开进行腌渍，这样容易入味。

辣蒸鲫鱼

烹饪时间：11分钟　　口味：辣

原料准备

净鲫鱼····350克
红椒·········35克
姜片·········15克
葱丝、姜丝、
葱段·······各少许

调料

盐·················3克
胡椒粉·······少许
蒸鱼豉油、
食用油···各适量

制作方法

1 红椒切丁；净鲫鱼切花刀，装盘，撒上盐和胡椒粉，倒入食用油，腌渍一会儿。

2 取一个蒸盘，铺上葱段，放入鲫鱼，撒上红椒丁、姜片。

3 蒸锅加水烧开，放入蒸盘，蒸约8分钟后取出。

4 拣去姜片，撒上葱丝和姜丝，淋热油和蒸鱼豉油即可。

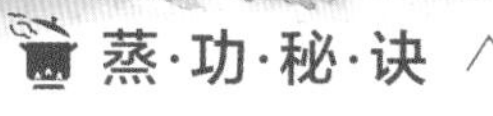

鲫鱼切花刀时应切得深一些，更易蒸入味。

豉汁蒸马头鱼

烹饪时间：17分钟　口味：鲜

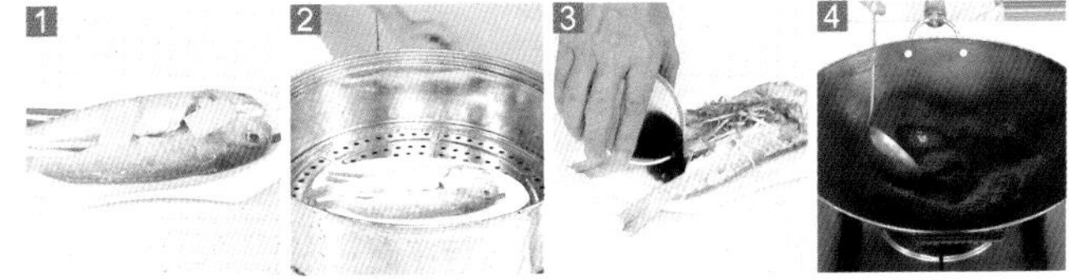

原料准备

马头鱼………500克
姜丝、葱丝、
红椒丝、香葱条、
姜片…………各少许

调料

蒸鱼豉油…10毫升
食用油…………适量

制作方法

1 将香葱条摆在蒸盘中，放上马头鱼，再放上姜片。
2 蒸锅加水烧开，放入蒸盘，蒸约15分钟后取出。
3 拣去姜片和香葱条，摆上葱丝、姜丝、红椒丝，倒入蒸鱼豉油。
4 锅中倒入食用油烧热，浇在鱼身上即可。

蒸·功·秘·诀

热油不宜浇太多，以免影响蒸鱼的口感。

橄榄菜蒸鲈鱼

烹饪时间：25分钟　　口味：鲜

原料准备

鲈鱼块…………185克
橄榄菜……………40克
姜末、葱花…各少许

调料

盐、鸡粉………各2克
干淀粉……………10克
生抽………………4毫升
食用油…………… 少许

制作方法

1 鲈鱼块装碗，撒上姜末，放入盐、生抽、鸡粉、干淀粉，拌匀，腌渍15分钟。
2 取一个蒸盘，摆上鲈鱼块，撒上橄榄菜。
3 蒸锅加水烧开，放入蒸盘，加盖，大火蒸约8分钟。
4 揭盖，取出蒸盘，撒上葱花，淋上热油即可。

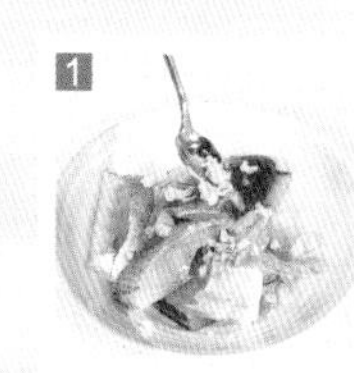

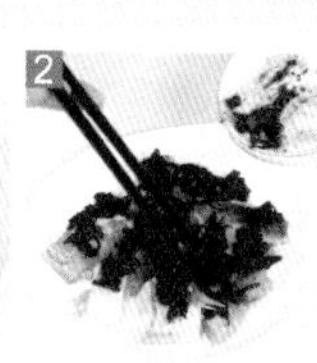

蒸·功·秘·诀

也可在蒸鱼前将橄榄菜放入碗中拌匀，使其味道浸入鱼肉中。这样蒸熟的菜肴味道会更好。

蒸·功·秘·诀

鲈鱼身上也可以划上花刀，会更好入味。

满堂彩蒸鲈鱼

烹饪时间：15分钟　口味：鲜

原料准备

鲈鱼…………350克
胡萝卜、玉米粒、
豌豆………各30克
剁椒……………10克
葱段……………8克
姜片……………7克

调料

蒸鱼豉油…10毫升
料酒…………8毫升
盐、鸡粉…… 各2克
食用油………适量

制作方法

1 胡萝卜切丁；鲈鱼肚皮部分切开一点，抹上盐，装入盘中，淋上料酒，摆上姜片。

2 油锅下入葱段、姜片，爆香，倒入胡萝卜、玉米、豌豆，炒匀。

3 放入蒸鱼豉油、剁椒、鸡粉，炒至入味，浇在鲈鱼身上。

4 蒸锅加水烧开，放入鲈鱼，蒸约10分钟后取出即可。

1 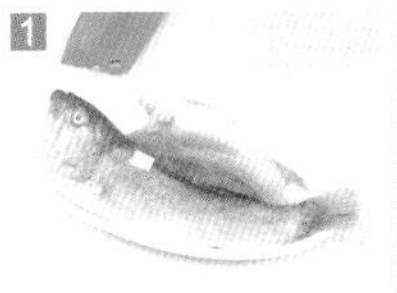

2 

3 

4 

豆豉小米椒蒸鳕鱼

烹饪时间：12分钟　　口味：鲜

原料准备

鳕鱼肉……300克
豆豉……15克
小米椒……5克
姜末……3克
蒜末……5克
葱花……3克

调料

盐……5克
料酒……5毫升
蒸鱼豉油…10毫升

制作方法

1 将洗净的鳕鱼肉装入蒸盘，用盐和料酒抹匀两面。
2 撒上姜末，放入豆豉，倒入蒜末和小米椒。
3 备好蒸锅，烧开水后放入蒸盘。
4 盖上盖，蒸约8分钟至食材熟透。
5 断电后揭盖，取出蒸盘。
6 撒上葱花，浇上热油。
7 最后淋入蒸鱼豉油即可。

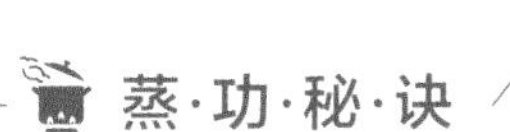

将豆豉切碎后再用，可以使豉香更浓郁。

蒸·功·秘·诀

罗非鱼提前腌渍片刻，这样可去腥。

榨菜肉末蒸罗非鱼

烹饪时间：22分钟　口味：鲜

原料准备

罗非鱼……1条

肉末……50克

榨菜……30克

红椒丝……10克

姜丝……10克

葱花……3克

调料

盐……3克

食用油、蒸鱼豉油、料酒…各10毫升

蚝油……5克

制作方法

1 在罗非鱼身上划几刀，抹上盐，腌渍10分钟。

2 将肉末和榨菜装碗，加食用油、红椒丝、蒸鱼豉油、蚝油、料酒，拌匀。

3 将拌好的肉末塞一些到鱼肚里，剩余的涂在鱼的表面，放上姜丝。

4 蒸锅加水烧开，放入蒸盘，蒸约10分钟后取出，撒上葱花即可。

1 

2 

3 

4 

葱香蒸鳜鱼

烹饪时间：24分钟　口味：鲜

原料准备

鳜鱼……………… 1条
姜丝、
红椒丝……… 各3克
葱丝、
姜片………… 各10克

调料

蒸鱼豉油… 10毫升
盐…………………… 3克
食用油…………适量

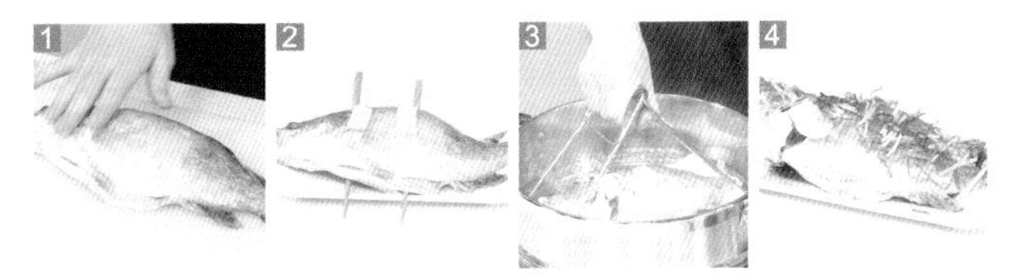

制作方法

1 鳜鱼切开背部，两面抹上盐，腌渍10分钟。

2 蒸盘底部放两根筷子，放上两片姜，放上鳜鱼，鱼身上再放两片姜。

3 蒸锅加水烧开，放入蒸盘，蒸约10分钟后取出，倒出汁液，取出筷子、姜片，放上姜丝、葱丝、红椒丝。

4 锅中注入食用油，烧至八成热后浇到鱼上，再淋上蒸鱼豉油即可。

蒸·功·秘·诀

鳜鱼背部的肉较厚，因此需从中间切开一刀，并将切口处也抹上盐。

豉汁蒸脆皖

烹饪时间：13分钟　　口味：鲜

原料准备

脆皖鱼····300克

豆豉·········60克

青椒·········40克

红椒·········45克

姜末、蒜末、

葱花·······各少许

调料

盐、鸡粉··········各2克

料酒、生抽···各5毫升

食用油················适量

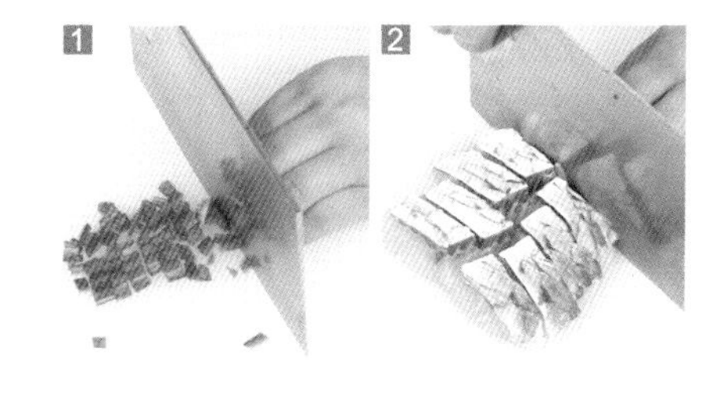

制作方法

1 红椒和青椒切成丁。

2 脆皖鱼切块，装盘。

3 取一个碗，放入豆豉、姜末、蒜末、青椒丁、红椒丁，拌匀。

4 加入盐、料酒、生抽、鸡粉，拌匀，倒在脆皖鱼块上。

5 蒸锅加水烧开，放入脆皖鱼，加盖，中火蒸约10分钟后取出，撒上葱花。

6 锅中注入食用油，烧至七成热。

7 将热油淋在蒸好的脆皖鱼上即可。

蒸·功·秘·诀

脆皖鱼要处理干净，并把鱼身上的水擦干，这样蒸出来口感更好。

蒸·功·秘·诀

秋刀鱼用少许柠檬汁腌渍一下，可以减轻泡小米椒辛辣的味道。

野山椒末蒸秋刀鱼

烹饪时间：10分钟　口味：辣

原料准备

净秋刀鱼…190克
泡小米椒……45克
红椒圈………15克
蒜末…………少许
葱花…………少许

调料

鸡粉……………2克
干淀粉………12克
食用油………适量

制作方法

1 净秋刀鱼两面切上花刀。
2 泡小米椒切碎，剁成末，装碗，加蒜末、鸡粉、干淀粉、食用油，拌匀，制成味汁。
3 取一个蒸盘，摆上秋刀鱼，放入味汁，再撒上红椒圈。
4 蒸锅加水烧开，放入蒸盘，蒸约8分钟后取出，撒上葱花，淋上烧热的食用油即成。

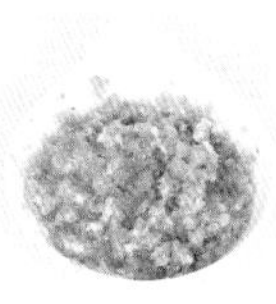

双椒蒸带鱼

烹饪时间：17分钟　口味：辣

原料准备

带鱼……250克

泡椒……40克

剁椒……40克

葱丝……10克

姜丝……5克

调料

盐……2克

料酒……8毫升

食用油……适量

制作方法

1 将盐、料酒、姜丝与带鱼混合，腌渍5分钟。

2 泡椒去蒂，切碎；将泡椒和剁椒分别倒在带鱼两边。

3 蒸锅加水烧开，放入带鱼，蒸约10分钟后取出，放上备好的葱丝。

4 热锅注入食用油，烧至八成热，浇在带鱼上即可。

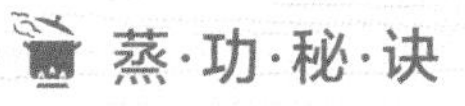

蒸·功·秘·诀

带鱼最好多腌渍片刻，更容易入味。

辣酱蒸腊鱼

烹饪时间：12分钟　　口味：咸

原料准备

腊鱼块…………100克

辣酱………………40克

姜片、葱段…各少许

调料

鸡粉………………1克

料酒……………5毫升

制作方法

1 沸水锅中倒入腊鱼块，汆煮去盐分，捞出装碗。

2 往腊鱼上加入辣酱，放入姜片和葱段，再加入料酒和鸡粉，拌匀，腌渍片刻。

3 将腌好的腊鱼转入蒸盘中。

4 蒸锅加水烧开，放入蒸盘，蒸约10分钟后取出即可。

蒸·功·秘·诀

腊鱼可事先用清水浸泡2个小时，能更有效地去除多余盐分。

梅菜腊味蒸带鱼

烹饪时间：12分钟　口味：鲜

原料准备

带鱼…………130克
水发梅干菜…90克
红椒……………35克
青椒……………35克
腊肠……………60克
蒜末…………… 少许

调料

辣椒酱…………20克
料酒…………5毫升
生抽…………4毫升
盐…………………2克
白糖………………4克
食用油………… 适量

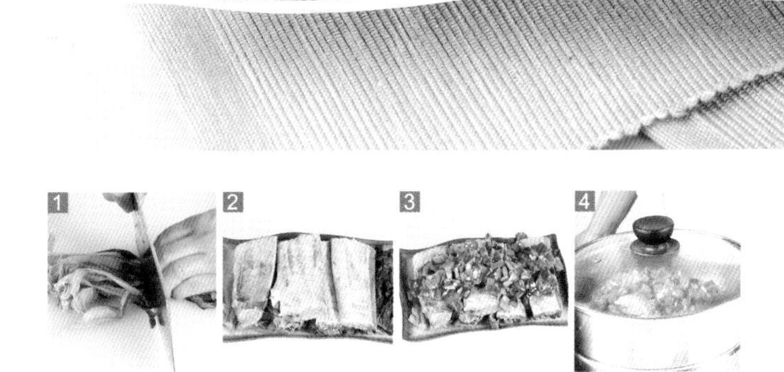

制作方法

1 将红椒和青椒，切成粒；腊肠切丁；水发梅干菜对半切开；带鱼切一字花刀。
2 取一个蒸盘，铺上梅干菜和带鱼。
3 取一个碗，倒入腊肠、红椒、青椒、蒜末、辣椒酱、料酒、生抽、盐、白糖、食用油，拌匀后浇在带鱼上。
4 蒸锅加水烧开，放入蒸盘，蒸约10分钟后取出即可。

蒸·功·秘·诀

带鱼可以用料酒腌渍片刻，能更好地去腥。

豆豉肉末蒸腊鱼

烹饪时间：23分钟　　口味：鲜

原料准备

腊鱼……200克
豆豉…………6克
瘦肉末…100克
剁椒………20克
葱花…………5克
蒜末………10克

调料

食用油……适量

制作方法

1 锅中注水烧开，倒入腊鱼块，煮去多余盐分后捞出。
2 备好一个大碗，倒入瘦肉末和剁椒，拌匀。
3 油锅烧热下入蒜末爆香，倒入豆豉，翻炒片刻。
4 加入腊鱼，炒匀，盛出装盘。
5 将拌好的剁椒肉末倒在腊鱼上。
6 蒸锅加水烧开，放入蒸盘蒸20分钟。
7 取出，趁热撒上葱花即可。

蒸·功·秘·诀

豆豉含人体所需的多种氨基酸、维生素及矿物质，具有宽中除烦、发汗解表等作用，可缓解感冒头痛及食物中毒。

蒸·功·秘·诀

给甲鱼汆水的时候可以淋点料酒，能更好地去腥。

桂圆枸杞蒸甲鱼

烹饪时间：15分钟　口味：鲜

原料准备

甲鱼……400克
葱段…………8克
姜片…………8克
枸杞………10克
桂圆肉……10克

调料

盐……………3克
干淀粉……10克
生抽………8毫升
食用油……适量

制作方法

1 锅中注水烧开，倒入甲鱼，汆煮去血水，捞出放凉，撕去上面的衣膜。
2 取一个碗，倒入甲鱼、葱段、姜片，加生抽、盐、枸杞、桂圆肉、干淀粉、食用油，拌匀。
3 将拌好的甲鱼倒入蒸盘内待用。
4 蒸锅加水烧开，放入蒸盘，蒸约12分钟后取出即可。

粉蒸鳝片

烹饪时间：27分钟　口味：香

原料准备

鳝鱼……300克
蒸肉米粉…50克
米酒……50克
姜末……8克
蒜末……8克
葱花……4克

调料

白糖……5克
盐……2克
辣椒酱……12克
生抽……8毫升
香醋……7毫升
香油……适量

制作方法

1 鳝鱼去头，切片。
2 鳝片装盘，倒入姜末、蒜末，加盐、白糖、生抽、辣椒酱、香油、米酒，拌匀，腌渍15分钟。
3 倒入蒸肉米粉，拌至均匀。
4 蒸锅加水烧开，放入鳝片，蒸约10分钟后取出，淋入香醋，撒上葱花即可。

蒸·功·秘·诀

鳝鱼切好后用厨房纸吸走血水，可保持鳝鱼的干爽度。

豆豉剁椒蒸泥鳅

烹饪时间：15分钟　　口味：鲜

原料准备

泥鳅……250克

豆豉……20克

剁椒……40克

朝天椒……20克

姜末、葱花、

蒜末……各少许

调料

盐、鸡粉…各2克

料酒……5毫升

食用油……适量

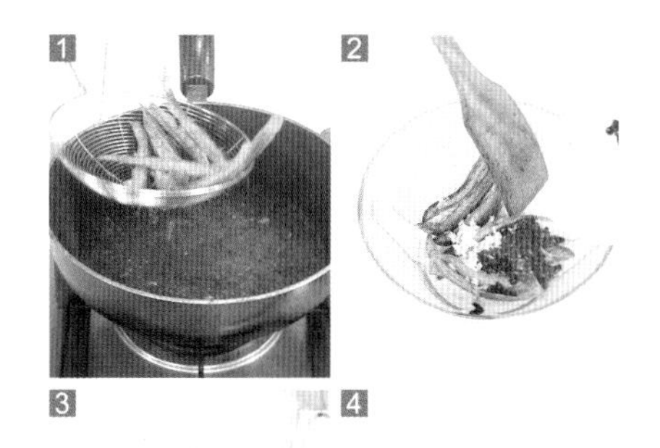

制作方法

1 热锅注入食用油，烧至六成热，倒入泥鳅，炸至焦黄色，捞出沥干油。

2 泥鳅装碗，放入豆豉、剁椒、姜末、蒜末。

3 加入朝天椒，放入盐、鸡粉、料酒、食用油，拌匀。

4 将拌好的泥鳅转入蒸盘中。

5 蒸锅加水烧开，放入泥鳅，加盖，大火蒸约10分钟。

6 揭盖，取出蒸好的泥鳅。

7 趁热撒上葱花即可。

蒸·功·秘·诀

炸泥鳅的时候要多翻搅，使其受热更均匀。

蒸·功·秘·诀

豆豉最好切碎后再使用，这样菜肴的香味会更浓。

蒜香豆豉蒸虾

烹饪时间：12分钟　口味：鲜

原料准备

基围虾……270克
豆豉…………15克
彩椒末、姜片、
蒜末、
葱花………各少许

调料

盐、鸡粉…各2克
料酒…………4毫升

制作方法

1 基围虾去除头部、虾线。
2 取一个碗，加鸡粉、盐、料酒，拌匀，制成味汁。
3 取一个蒸盘，摆入基围虾，淋上味汁，撒上豆豉，放入葱花、姜片、蒜末、彩椒末。
4 蒸锅加水烧开，放入蒸盘，蒸约10分钟取出即可。

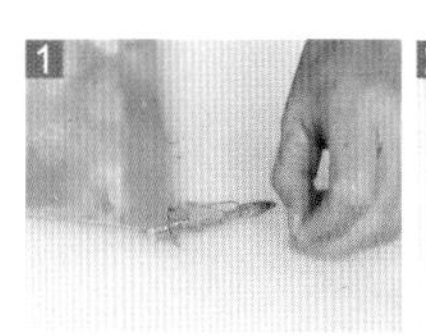

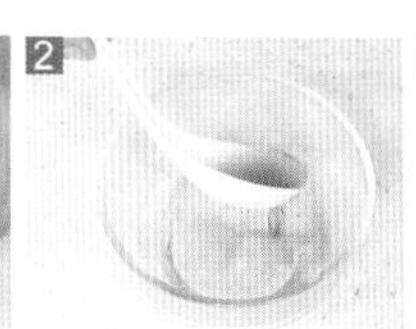

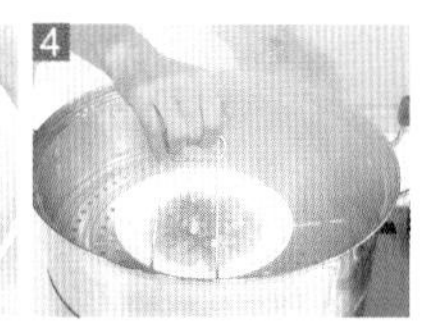

葱香蒸鲜鱿

烹饪时间：13分钟　口味：鲜

原料准备

鱿鱼肉……240克
葱丝…………10克
葱花…………3克
姜片…………5克

调料

盐………………3克
蒸鱼豉油…8毫升
料酒………8毫升
食用油………适量

制作方法

1 鱿鱼肉切片，放在蒸盘中，加盐、料酒、姜片、葱丝，拌匀后腌渍片刻。
2 蒸锅加水烧开，放入蒸盘，加盖，蒸约8分钟。
3 揭盖，取出蒸盘，稍微冷却后拣出姜片和葱丝。
4 撒上葱花，再浇上热食用油，淋入蒸鱼豉油即可。

蒸·功·秘·诀

鱿鱼的腌渍时间可长一些，蒸熟后味道会更好。

姜葱蒸小鲍鱼

烹饪时间：10分钟　　口味：鲜

原料准备

小鲍鱼…………6只
红椒丁…………15克
葱花……………5克
蒜末……………15克
姜丝……………10克

调料

盐………………2克
蒸鱼豉油…10毫升
食用油…………适量

制作方法

1 小鲍鱼取肉，两面均划上花刀，撒上盐后再放入壳中。
2 用油起锅，放入姜丝、红椒丁、蒜末，炒香，浇在鲍鱼上。
3 蒸锅加水烧开，放入小鲍鱼，加盖，蒸约8分钟。
4 揭盖，取出鲍鱼，淋上蒸鱼豉油，撒上葱花即可。

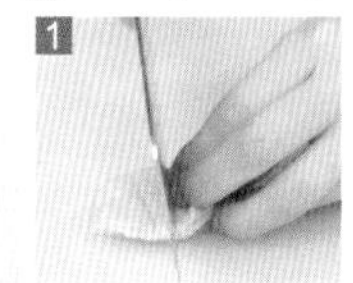
1

2

3

4

蒸·功·秘·诀

怕腥的人可以在蒸前淋点料酒，口感会更鲜嫩。

蒜香蒸生蚝

烹饪时间：20分钟 口味：鲜

原料准备

生蚝……………4个
柠檬…………15克
蒜末………… 20克
葱花……………5克

调料

蚝油……………5克
食用油… 20毫升
盐………………3克

制作方法

1 取一个碗，倒入取出的生蚝肉，加盐，挤入柠檬汁，拌匀，腌渍10分钟。
2 用油起锅，倒入蒜末爆香，放入葱花，加入蚝油，炒至入味，盛出装碗。
3 将腌好的生蚝肉放回生蚝壳中，淋上炒香的蒜末。
4 蒸锅加水烧开，放入生蚝，蒸约8分钟后取出即可。

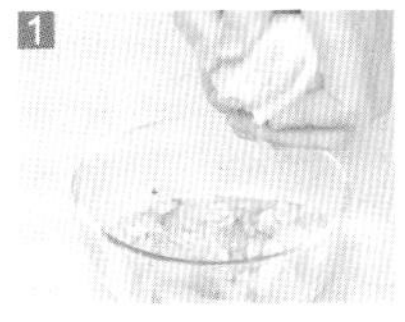

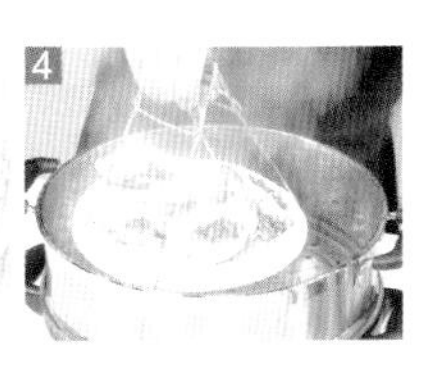

蒜香粉丝蒸扇贝

烹饪时间：13分钟　口味：鲜

原料准备

扇贝…………180克

水发粉丝……120克

蒜末……………10克

葱花……………5克

调料

剁椒酱…………20克

盐………………3克

料酒…………8毫升

蒸鱼豉油…10毫升

食用油…………适量

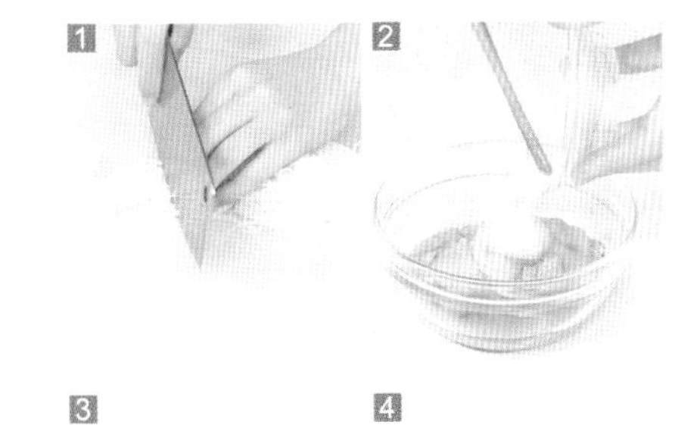

制作方法

1 水发粉丝切成段。

2 扇贝取肉装碗，加料酒、盐，拌匀，腌渍5分钟。

3 取一个蒸盘，摆入扇贝壳。

4 扇贝壳倒入粉丝和扇贝肉，撒上剁椒酱。

5 用油起锅，撒上蒜末，爆香，浇在扇贝肉上。

6 蒸锅加水烧开，放入蒸盘，大火蒸约8分钟。

7 取出蒸盘，浇上蒸鱼豉油，点缀上葱花即可。

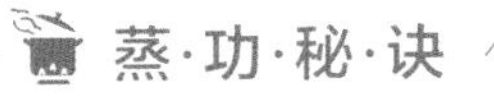

蒸·功·秘·诀

粉丝最好切得短一些，摆盘时会更美观。

蒸·功·秘·诀

根据自家蒸制所用的器具不同，蒸制时间亦不同，若是在大火上蒸，4分钟左右即可。

鲜香蒸扇贝

烹饪时间：10分钟　口味：香

原料准备

扇贝……………6个
洋葱丁……… 20克
红椒丁……… 10克
蒜末………… 10克
葱花……………5克

调料

蒸鱼豉油…8毫升
食用油………适量

制作方法

1 用油起锅，倒入洋葱丁、蒜末、红椒丁，爆香。
2 将爆香的食材逐一放在洗净的扇贝上。
3 蒸锅加水烧开，放入扇贝，加盖，中火蒸约8分钟。
4 揭盖，取出蒸好的扇贝，淋入蒸鱼豉油，撒上葱花即可。

白酒蒸蛤蜊

烹饪时间：7分钟　口味：鲜

原料准备

蛤蜊………260克
白酒…… 50毫升
葱花…………5克
小辣椒圈、蒜片、
姜片……… 各5克

调料

食用油… 15毫升
盐……………… 3克

制作方法

1 用油起锅，倒入蒜片、姜片、小辣椒圈，爆香。
2 倒入蛤蜊，翻炒至入味，盛出，装入蒸盘。
3 往蒸盘中倒入白酒，加入盐，拌匀。
4 蒸锅加水烧开，放入蒸盘，蒸约5分钟后取出，撒上葱花即可。

蒸·功·秘·诀

蛤蜊炒至外壳完全张开即可，不要炒太久，否则肉质老了影响口感。

豉汁蒸蛤蜊

烹饪时间：10分钟　　口味：鲜

原料准备

蛤蜊……………500克

豆豉………………30克

朝天椒……………30克

葱花、姜末…各少许

调料

料酒…………4毫升

盐、鸡粉…… 各2克

食用油…………适量

制作方法

1 锅中注水烧开，倒入蛤蜊，汆煮去污物，捞出摆入蒸盘中。

2 取一个碗，倒入豆豉、姜末、朝天椒。

3 放入料酒、盐、鸡粉、食用油，拌匀。

4 将调好的酱汁浇在蛤蜊上。

5 蒸锅加水烧开，放入蒸盘，加盖，大火蒸约8分钟。

6 揭盖，取出蒸盘。

7 趁热撒上葱花即可。

蒸·功·秘·诀

将酱汁浇在蛤蜊上后，可以稍微腌渍一会儿再蒸制，味道会更好。

粉丝蒸蛏子

烹饪时间：10分钟　　口味：鲜

原料准备

净蛏子………200克

水发粉丝…… 125克

蒜末…………… 10克

葱花、姜片…各5克

调料

白糖………………3克

蒸鱼豉油…· 10毫升

食用油…………适量

制作方法

1 取一个蒸盘，铺上水发粉丝，放上净蛏子，摆好造型。

2 用油起锅，撒上蒜末和姜片，爆香，加白糖调成味汁。

3 将味汁浇在蛏子上，待用。

4 蒸锅加水烧开，放入蒸盘，蒸约8分钟后取出，浇上蒸鱼豉油，撒上葱花即可。

蒸·功·秘·诀

粉丝最好用温水浸泡，能缩短泡软的时间。

蒸·功·秘·诀

海蛏的咸味较重，烹饪前要用温水泡一会儿，能改善口感。

酒香蒸海蛏

烹饪时间：11分钟　口味：鲜

原料准备

海蛏……260克

姜丝…………8克

白酒……15毫升

调料

盐……………3克

制作方法

1 取一个蒸碗，放入海蛏，码好。

2 淋上白酒，撒上盐，放入姜丝。

3 蒸锅加水烧开，放入蒸盘，加盖，蒸约8分钟。

4 揭盖，取出蒸盘即可。

1

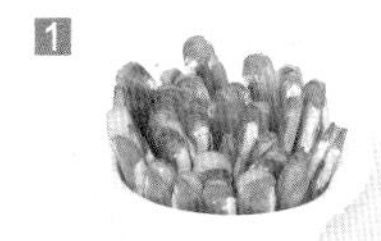

2

3

4

PART

6 “蒸”清甜·蔬果菌菇

新鲜的蔬菜、水果以及菌菇中含有丰富的膳食纤维、维生素和矿物质，对维持身体健康非常有益。这些食材中的营养成分很容易流失，蒸食则能有效“锁”住营养，让健康加倍。

蒸茼蒿

烹饪时间：4分钟　口味：鲜

原料准备

茼蒿……350克
面粉……20克
蒜末……少许

调料

生抽……10毫升
香油……适量

制作方法

1 茼蒿切成长段。
2 取一个大碗，倒入茼蒿和面粉，拌匀，装入盘中。
3 蒸锅加水烧开，放入茼蒿，大火蒸2分钟至熟，取出。
4 在蒜末中倒入生抽和香油，拌匀制成味汁，搭配蒸好的茼蒿食用即可。

蒸·功·秘·诀

洗好的茼蒿一定要将其沥干再烹制，以免影响口感。

蒸·功·秘·诀

菜心的根部最好切开，更易蒸熟。

豉油蒸菜心

烹饪时间：6分钟　口味：淡

原料准备

菜心…………150克
红椒丁…………5克
姜丝……………2克

调料

蒸鱼豉油…10毫升
食用油………适量

制作方法

1 蒸锅加水烧开，放入洗净的菜心，加盖，蒸约3分钟至熟。
2 揭盖，取出菜心，待用。
3 用油起锅，撒上姜丝爆香，倒入红椒丁炒匀，再淋上蒸鱼豉油，调成味汁。
4 将味汁盛出，浇在菜心上，摆好盘即成。

蒸·功·秘·诀

韭菜不要腌渍时间太长，以免影响口感。

蒸韭菜

烹饪时间：3分钟　口味：淡

原料准备

韭菜………100克

熟花生……… 10克

调料

盐、鸡粉…各2克

干淀粉…………8克

香油…………适量

制作方法

1 韭菜对半切开。

2 取一个大碗，倒入韭菜、盐，搅拌片刻，腌渍约2分钟。

3 倒出多余的水分，再加入鸡粉、干淀粉，拌匀。

4 蒸锅加水烧开，放入韭菜，蒸3分钟后取出，淋上香油，撒上熟花生即可。

蒜香豆豉蒸秋葵

烹饪时间：21分钟　口味：鲜

原料准备

秋葵……250克

豆豉……20克

蒜泥……少许

调料

蒸鱼豉油、

橄榄油…各适量

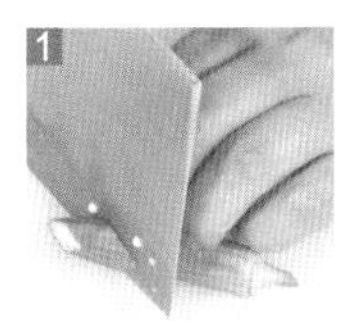

制作方法

1 秋葵斜刀切段，摆入蒸盘。

2 热锅注入橄榄油烧热，倒入蒜泥和豆豉，爆香后浇在秋葵上。

3 蒸锅烧开，放入蒸盘，加盖蒸约20分钟。

4 揭盖，取出蒸盘，淋上蒸鱼豉油即可。

蒸·功·秘·诀

秋葵含有丰富的可溶性纤维，但不宜蒸太熟，以免破坏营养。

粉蒸四季豆

烹饪时间：22分钟　口味：鲜

原料准备

四季豆⋯⋯200克
蒸肉米粉⋯30克

调料

盐⋯⋯⋯⋯⋯2克
生抽⋯⋯⋯8毫升
食用油⋯⋯⋯适量

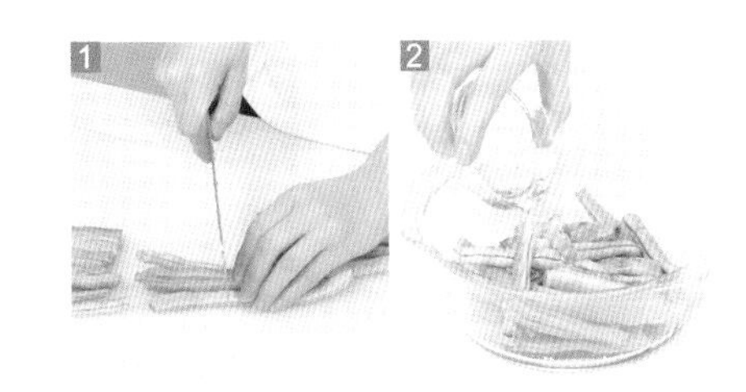

制作方法

1 四季豆切段。
2 取一个碗，放入四季豆，加盐、生抽、食用油，拌匀，腌渍5分钟。
3 向腌好的四季豆中加入蒸肉米粉，拌匀。
4 将拌好的食材转入蒸盘中，摆好盘。
5 蒸锅加水烧开，放入蒸盘。
6 加盖蒸约15分钟。
7 揭盖，取出蒸盘即可。

蒸·功·秘·诀

生四季豆有微毒，蒸的时间最好长一些，蒸至熟透，更有利于饮食健康。

蒸香菇西兰花

烹饪时间：13分钟　　口味：淡

原料准备

鲜香菇……100克

西兰花……100克

调料

盐、鸡粉… 各2克

蚝油…………… 5克

水淀粉…… 10毫升

食用油…………适量

制作方法

1 鲜香菇按十字花刀切块。

2 取一个盘子，用西兰花围边，中间摆上香菇。

3 蒸锅加水烧开，放入食材，加盖蒸约8分钟后取出。

4 锅中注水烧开，加盐、鸡粉、蚝油、食用油拌匀，用水淀粉勾芡，浇在菜肴上即可。

蒸·功·秘·诀

可用高汤做汤汁，这样能不放鸡粉。

蒸肉末酿苦瓜

烹饪时间：28分钟　口味：苦

原料准备

苦瓜段……130克
肉末………50克

调料

盐……………2克
鸡粉…………3克
料酒………3毫升
生抽………5毫升

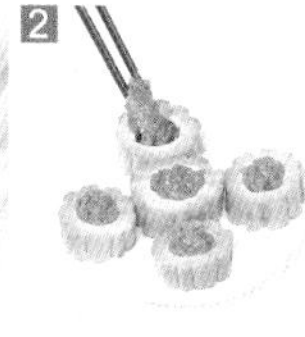

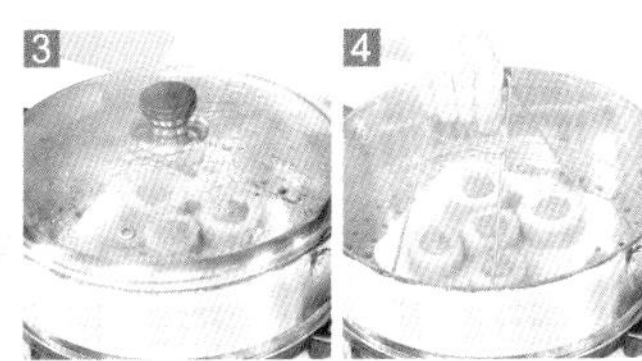

制作方法

1 肉末装碗，加生抽、料酒、鸡粉、盐，拌匀，腌渍10分钟。
2 取一蒸盘，放入苦瓜段，将肉末酿入苦瓜中。
3 蒸锅加水烧开，放入蒸盘，加盖，蒸约15分钟。
4 揭盖，取出蒸盘即可。

蒸·功·秘·诀

腌肉末时可加入少许水淀粉，蒸熟后口感会更松软。

蒸冬瓜肉卷

烹饪时间：12分钟　　口味：鲜

原料准备

冬瓜………400克

水发木耳… 90克

午餐肉…… 200克

胡萝卜…… 200克

葱花…………少许

调料

盐、香油… 各适量

鸡粉………………2克

水淀粉………4毫升

制作方法

1 水发木耳切细丝；胡萝卜切丝；午餐肉切丝；冬瓜切薄片。

2 锅中注水烧开，倒入冬瓜片，煮至断生，捞出。

3 把冬瓜片铺在盘中，放上午餐肉、木耳、胡萝卜。

4 将冬瓜片卷起，定型制成卷。

5 蒸锅加水烧开，放入冬瓜卷，大火蒸10分钟后取出。

6 热锅注水烧开，加盐、鸡粉、水淀粉、香油，调成芡汁。

7 将芡汁淋在冬瓜卷上，撒上葱花即可。

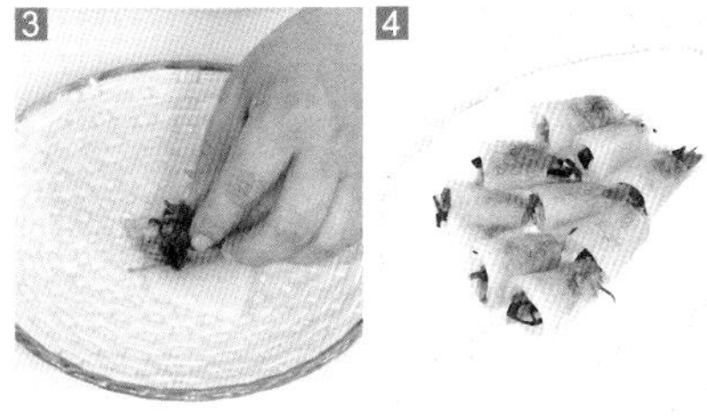

蒸·功·秘·诀

冬瓜不宜焯水过久，以免卷起的时候冬瓜片破裂。

蒸·功·秘·诀

白菜叶焯煮时可加入少许盐，这样韧性才好，包肉卷时不易破裂。

蒸肉末白菜卷

烹饪时间：14分钟　口味：鲜

原料准备

白菜叶………100克
瘦肉末………100克
蛋液……………30克
葱花、姜末…各3克

调料

盐、鸡粉…… 各5克
干淀粉………… 15克
料酒…………10毫升
水淀粉………… 5毫升
食用油、
胡椒粉……… 各适量

制作方法

1 瘦肉末装碗，加料酒、姜末、葱花、盐、鸡粉、蛋液、胡椒粉、食用油、干淀粉，拌匀，制成肉馅。

2 白菜叶焯煮至断生，放凉后铺开，放入肉馅包好，卷成肉卷，摆入蒸盘中。

3 蒸锅加水烧开，放入蒸盘，蒸约8分钟后取出。

4 锅中注水烧开，加盐、鸡粉、水淀粉、食用油，调成稠汁，浇在菜肴上即可。

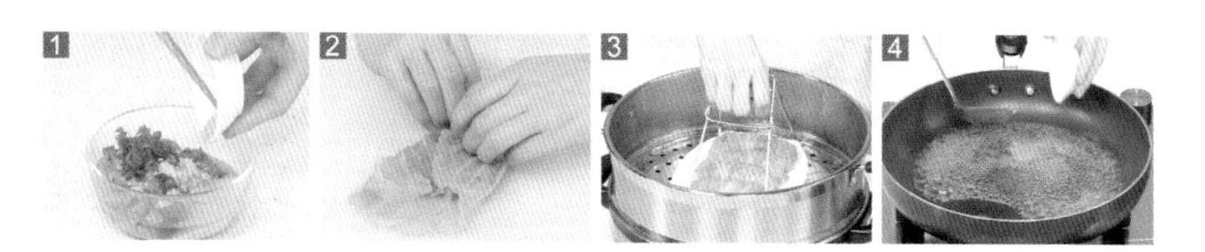

粉蒸三丝

烹饪时间：11分钟　口味：淡

原料准备

胡萝卜丝……80克
木耳丝………80克
茭白丝………50克
蒸肉米粉……30克
蒜蓉、
葱花…………各5克

调料

盐………………2克
食用油………适量

制作方法

1 取一个大碗，放入木耳丝、胡萝卜丝、茭白丝、蒜蓉、蒸肉米粉、食用油、盐，拌匀。
2 取一个蒸盘，放入拌好的食材，铺放好。
3 蒸锅加水烧开，放入蒸盘，加盖蒸约8分钟。
4 揭盖，取出蒸盘，撒上葱花即成。

蒸·功·秘·诀

蒸肉米粉本身就有咸味，所以做这道菜加入的盐不宜太多，以免口味太咸。

干贝咸蛋黄蒸丝瓜

烹饪时间：22分钟　　口味：鲜

原料准备

丝瓜………200克
水发干贝… 30克
蜜枣…………2克
咸蛋黄………4个
葱花…………少许

调料

生抽………5毫升
水淀粉……4毫升
香油…………适量

制作方法

1 丝瓜切成段，挖去瓜瓤；咸蛋黄对半切开。
2 将丝瓜段放入蒸盘，每块丝瓜段中放入一块咸蛋黄。
3 蒸锅加水烧开，放入蒸盘，蒸约20分钟后取出。
4 热锅注水烧开，放入蜜枣、水发干贝，淋入生抽、水淀粉、香油，调成芡汁，浇在丝瓜上，撒上葱花即可。

蒸·功·秘·诀

泡发好的干贝可以压碎再烹制，更易熟，且口感会更好。

蒸功秘诀

调汁时可放入少许香油，味道会更香。

湘味粉丝蒸丝瓜

烹饪时间：12分钟　口味：辣

原料准备

丝瓜……260克

水发粉丝…200克

剁椒……15克

葱花……3克

调料

白糖……5克

生抽……10毫升

食用油……适量

制作方法

1 水发粉丝切长段；丝瓜切菱形块。

2 把剁椒装在小碗中，撒上白糖，调成味汁。

3 取一个蒸盘，放入粉丝，摆上丝瓜块，浇上味汁。

4 蒸锅加水烧开，放入蒸盘，蒸约8分钟后取出，撒上葱花，浇上热食用油，淋入生抽即可。

SHING KEE

茄汁蒸娃娃菜

烹饪时间：8分钟　　口味：甜

原料准备

娃娃菜……300克

红椒丁、

青椒丁…… 各5克

调料

盐、鸡粉… 各2克

番茄酱………… 5克

水淀粉…… 10毫升

制作方法

1 娃娃菜切开，再切成瓣。

2 取一个蒸盘，放入娃娃菜，摆好。

3 蒸锅加水烧开，放入蒸盘，加盖，蒸约5分钟。

4 揭盖，取出蒸盘。

5 炒锅烧热，倒入青椒丁和红椒丁炒匀。

6 放入番茄酱、鸡粉、盐、水淀粉，炒匀，调成味汁。

7 将味汁浇在蒸盘中，摆好盘即成。

蒸·功·秘·诀

味汁可加入少许白糖，会使菜肴的口感更清甜。

桂花蜂蜜蒸萝卜

烹饪时间：16分钟　口味：甜

原料准备

白萝卜片…260克
桂花…………5克

调料

蜂蜜…………30克

制作方法

1 在白萝卜片中间挖一个洞。
2 取一个盘子，放入挖好的白萝卜片，中间加入蜂蜜和桂花。
3 蒸锅加水烧开，放入白萝卜，加盖蒸约15分钟。
4 揭盖，取出蒸好的白萝卜即可。

蒸·功·秘·诀

白萝卜片要切厚点，这样容易挖洞。

冰糖枸杞蒸藕片

烹饪时间：22分钟　口味：甜

原料准备

莲藕……200克

枸杞…………5克

调料

冰糖…………5克

制作方法

1 将洗净去皮的莲藕切成厚度均匀的片，整齐地码在盘内。

2 撒上备好的枸杞和冰糖。

3 蒸锅加水烧开，放入藕片，加盖蒸约20分钟。

4 揭盖，取出蒸好的藕片即可。

蒸·功·秘·诀

切好的藕片可放在凉水中浸泡片刻，口感会更爽脆。

蒜香手撕蒸茄子

烹饪时间：13分钟　　口味：鲜

原料准备

茄子……260克

蒜末…………5克

干辣椒………5克

调料

蒸鱼豉油… 10毫升

食用油…………适量

制作方法

1 蒸锅加水烧开，放入洗净的茄子。

2 盖上盖，蒸约10分钟，至食材熟透。

3 揭盖，取出蒸熟的茄子。

4 待茄子放凉后，将其撕成茄条。

5 用油起锅，撒上蒜末和干辣椒，爆香。

6 淋上蒸鱼豉油，拌匀，调成味汁。

7 关火后盛出，将味汁浇在茄条上即成。

蒸·功·秘·诀

浇味汁后最好将茄子静置一会儿，以便其入味，口感更佳。

蒸·功·秘·诀

茄子花刀可以划深点，会更入味。

蒜香肉末蒸茄子

烹饪时间：10分钟　口味：鲜

原料准备

肉末…………70克
茄子…………300克
蒜末…………10克
姜末…………8克
葱花…………3克

调料

盐、鸡粉…各2克
水淀粉…15毫升
生抽…………8毫升
食用油………适量

制作方法

1 茄子切2厘米的段，在一面划上井字花刀。

2 热锅注油烧热，放入茄子，煎至两面微黄，盛出装盘。

3 锅底留油，下蒜末和姜末爆香，倒入肉末炒散，加盐、生抽、鸡粉、清水、水淀粉，炒匀浇在茄子上。

4 蒸锅加水烧开，放入茄子，蒸约5分钟后取出，撒上葱花即可。

1

2

3

4

豉椒肉末蒸山药

烹饪时间：23分钟　口味：香

原料准备

去皮山药……150克
肉末…………100克
白菜叶………150克
剁椒…………18克
葱花、姜末…各5克
豆豉…………5克

调料

盐……………3克
胡椒粉………1克
料酒…………10毫升
橄榄油………适量

制作方法

1 去皮山药斜刀切片；取蒸盘，铺上白菜叶、山药片。
2 肉末中倒入姜末，加盐、料酒、胡椒粉，拌匀，铺在白菜和山药上，再放上剁椒。
3 蒸锅加水烧开，放入食材，蒸约20分钟后取出。
4 用橄榄油起锅，倒入豆豉炸香，淋在食材上，撒上葱花即可。

蒸·功·秘·诀

喜欢偏重口味的话，可在豆豉油中加入适量生抽。

蒸地三鲜

烹饪时间：18分钟　　口味：淡

原料准备

茄子………230克

去皮土豆…250克

青椒…………90克

红椒…………50克

调料

鸡粉……………2克

盐………………3克

生抽………10毫升

橄榄油………适量

制作方法

1 去皮土豆和茄子切滚刀块；青椒切块；红椒切小段。

2 蒸锅加水烧开，放入土豆块，蒸约10分钟至微熟。

3 揭盖，加一层蒸格，放入茄子块和青椒、红椒续蒸5分钟。

4 将蒸好的土豆和茄子装碗，加盐、生抽、鸡粉、橄榄油，拌匀，倒入青椒、红椒，再次拌匀即可。

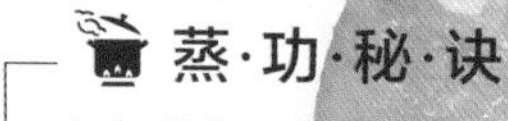

蒸·功·秘·诀

切好的茄子若不立即使用可放在盐水中浸泡，以免氧化变黑。

蒸·功·秘·诀

剁椒较咸，加入的盐不宜太多，以免味道太重。

剁椒皮蛋蒸土豆

烹饪时间：14分钟　口味：辣

原料准备

皮蛋……………2个
土豆…………200克
剁椒…………15克
蒜蓉……………5克
葱花……………2克

调料

盐、鸡粉… 各2克
香油…………适量

制作方法

1 土豆切片；皮蛋切小瓣。
2 土豆装碗，撒上蒜蓉，加盐、鸡粉、剁椒，拌匀，转到蒸盘中。
3 放入皮蛋，摆好盘。
4 蒸锅加水烧开，放入蒸盘，蒸约10分钟后取出，淋入香油，撒上葱花即可。

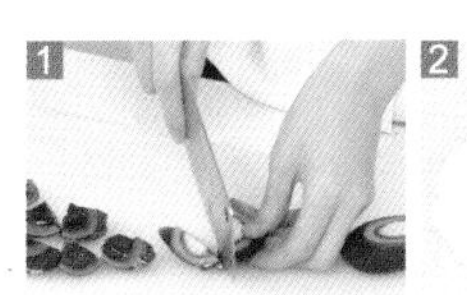

家常粉蒸芋头

烹饪时间：22分钟　　口味：辣

原料准备

芋头块····170克

蒸肉米粉··20克

葱花············3克

调料

盐················3克

红油······10毫升

辣椒酱······10克

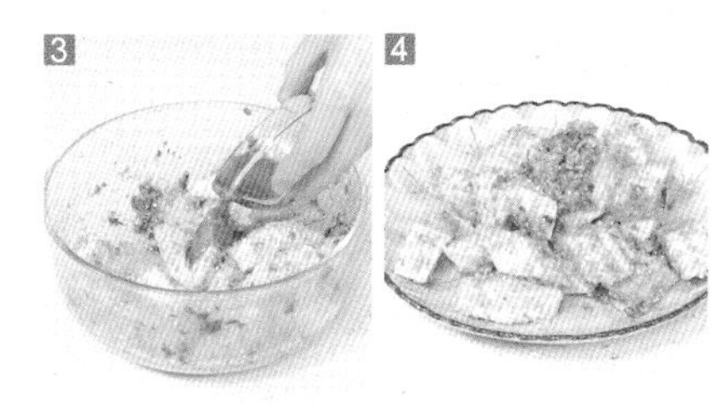

制作方法

1 取一个碗，放入芋头块，加盐和辣椒酱，拌匀。

2 倒入蒸肉米粉，拌匀。

3 加入红油，拌匀。

4 将拌好的芋头转入蒸盘中。

5 蒸锅加水烧开，放入芋头，加盖，蒸约20分钟。

6 揭盖，取出蒸好的芋头。

7 趁热撒上葱花即可。

蒸·功·秘·诀

蒸肉米粉本身含有盐分，所以盐不要放太多。

梅干菜蒸南瓜

烹饪时间：22分钟　口味：鲜

原料准备

南瓜……………300克
水发梅干菜…200克
豆豉………………30克
葱花、姜末、
蒜末……………各少许

调料

盐、鸡粉…… 各2克
食用油……………适量

制作方法

1 南瓜切块；水发梅干菜切段。
2 热锅中倒入梅干菜，炒去多余水分，盛出装碗。
3 油锅下入姜末、蒜末、葱花、豆豉，爆香；倒入南瓜，加盐和鸡粉，炒匀，盛出放入梅菜碗中，拌匀后转入蒸碗中。
4 蒸锅加水烧开，放入蒸碗，蒸约20分钟后取出即可。

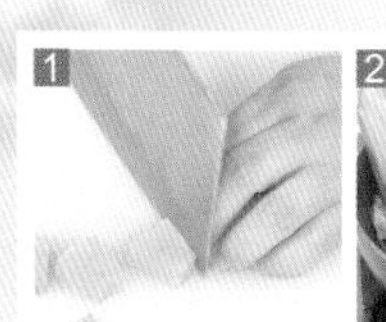

蒸·功·秘·诀

梅干菜一定要完全泡发后烹制，以免影响口感。

蒜蓉虾皮蒸南瓜

烹饪时间：17分钟 口味：淡

原料准备

小南瓜………185克
蒜末……………40克
虾皮……………30克

调料

蒸鱼豉油…10毫升
食用油………适量

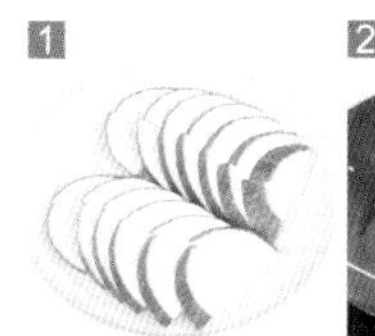

制作方法

1 小南瓜切片，摆入蒸盘。

2 油锅中下入蒜末，爆香后放入虾皮，炒至微黄，浇在南瓜片上。

3 蒸锅加水烧开，放入蒸盘，加盖，蒸约15分钟。

4 揭盖，取出蒸盘，淋上蒸鱼豉油即可。

蒸·功·秘·诀

淋完蒸鱼豉油后，可以将少许食用油烧热浇在南瓜上，能使南瓜味道更香浓。

冰糖枸杞蒸香蕉

烹饪时间：8分钟　　口味：甜

原料准备

香蕉…………2根

枸杞…………8克

调料

冰糖……… 10克

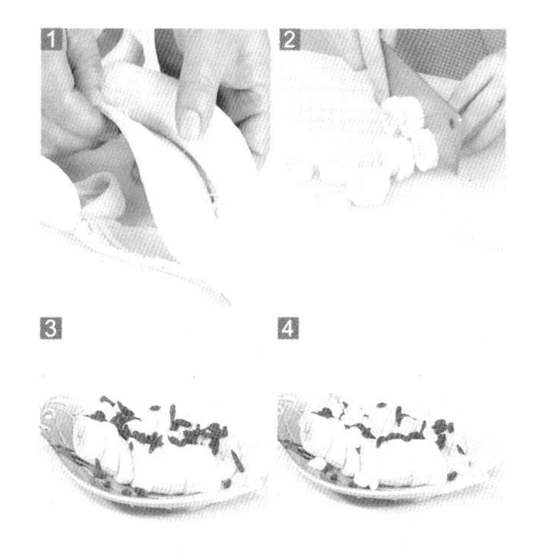

制作方法

1 香蕉去皮。

2 将香蕉切成薄厚一致的片。

3 将香蕉片摆入盘中，撒上枸杞。

4 再撒上备好的冰糖，待用。

5 蒸锅注水烧开，上汽后放入香蕉。

6 盖上锅盖，蒸约8分钟。

7 揭盖，将香蕉取出即可。

蒸·功·秘·诀

枸杞可以先用冷水浸泡片刻，能使其更快地析出营养成分。

蒸·功·秘·诀

鲜百合最好先焯一下水，更有利于饮食健康。

润肺百合蒸雪梨

烹饪时间：18分钟　口味：甜

原料准备

雪梨…………2个

鲜百合…… 30克

调料

蜂蜜…………适量

制作方法

1 雪梨从四分之一处切开，掏空果核，制成雪梨盅。

2 将雪梨盅放入蒸盘中，盅内填入鲜百合，淋上蜂蜜。

3 蒸锅加水烧开，放入蒸盘，加盖，蒸约15分钟。

4 揭盖，取出蒸盘即可。

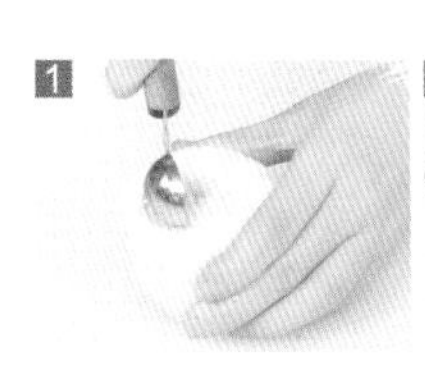

枸杞百合蒸木耳

烹饪时间：6分钟　口味：淡

原料准备

百合…………50克

枸杞……………5克

水发木耳…100克

调料

盐………………1克

香油…………适量

制作方法

1 取一个碗，放入水发木耳，倒入百合和枸杞，淋入香油，加盐拌匀。

2 将拌好的食材装入蒸盘中。

3 蒸锅加水烧开，放入蒸盘。

4 加盖，蒸约5分钟后取出即可。

蒸·功·秘·诀

香油可以在食材蒸好后放入，味道会更突出。

剁椒蒸金针菇

烹饪时间：6.5分钟　　口味：辣

原料准备

金针菇····200克

剁椒·········35克

葱花··········少许

调料

干淀粉·········5克

食用油·······适量

制作方法

1 金针菇切去根部，装入蒸盘，铺平。

2 剁椒装入小碗，加入干淀粉和食用油，拌匀，浇在金针菇上。

3 蒸锅加水烧开，放入蒸盘，加盖，蒸约5分钟。

4 揭盖，取出蒸盘，撒上葱花，浇上烧热的食用油即可。

蒸·功·秘·诀

剁椒不要放太多，以免过辣，掩盖金针菇本身的鲜味。

蒸·功·秘·诀

可将香菇盒子稍稍煎至微黄后再蒸制，吃起来会更香。

蒸香菇盒

烹饪时间：20分钟　口味：香

原料准备

去蒂香菇…120克
肉馅…………90克
葱花……………5克

调料

盐、鸡粉… 各2克
白糖……………3克
干淀粉…………8克
生抽………10毫升
水淀粉……10毫升
香油、
橄榄油…… 各适量

制作方法

1 肉馅装碗，加生抽、1克鸡粉、香油、1克盐、白糖、干淀粉，拌匀。
2 取适量肉馅放在一个香菇上，盖上另一个香菇，制成香菇盒。
3 蒸锅加水烧开，放入香菇盒，蒸约15分钟后取出。
4 锅中注水烧开，加入剩余的盐、鸡粉、水淀粉、橄榄油，调成酱汁，浇在香菇盒上，撒上葱花即可。

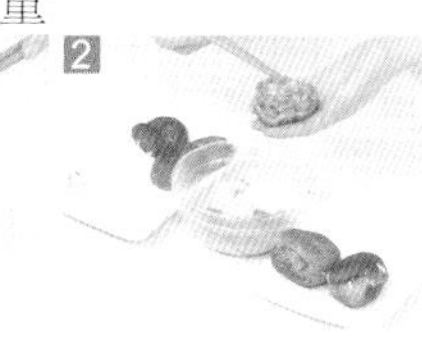
1

2

3

4

什锦蒸菌菇

烹饪时间：12分钟　口味：淡

原料准备

蟹味菇……90克
杏鲍菇……80克
秀珍菇……70克
香菇………50克
胡萝卜……30克
葱段…………5克
姜片…………5克
葱花…………3克

调料

盐、鸡粉、
白糖………各3克
生抽……10毫升

制作方法

1 杏鲍菇切条；秀珍菇切条；香菇切片；胡萝卜切条。

2 取一个碗，倒入杏鲍菇、秀珍菇、香菇、胡萝卜、蟹味菇。

3 放入姜片、葱段，加生抽、盐、鸡粉、白糖，拌匀，腌渍5分钟。

4 将腌好的菌菇转入蒸盘。

5 蒸锅加水烧开，放入蒸盘，加盖蒸约5分钟。

6 揭盖，取出蒸盘。

7 趁热撒上葱花即可。

蒸·功·秘·诀

放点胡椒粉腌渍，味道会更好。

PART

7 “蒸”滋养·米面杂粮

五谷杂粮中的膳食纤维可以促进肠道运动，具有通便排毒的效果；其富含的B族维生素、维生素E等具有增强免疫力、健肤美容、促进新陈代谢等作用；其所含的不饱和脂肪酸可有效保护血管。

南瓜糙米饭

烹饪时间：37分钟　　口味：淡

原料准备

南瓜丁…… 140克

水发糙米…180克

调料

盐……………少许

制作方法

1 取一个蒸碗，放入洗净的水发糙米，倒入南瓜丁。

2 碗中注入适量清水，加入少许盐，拌匀。

3 蒸锅加水烧开，放入蒸碗，加盖，大火蒸约35分钟。

4 揭盖，取出蒸碗即可。

蒸·功·秘·诀

蒸碗中可注入适量温水，能使食材更易熟透。

蒸·功·秘·诀

可以根据自己的喜好，加入白糖或盐调味。

大麦杂粮饭

烹饪时间：62分钟　口味：清淡

原料准备

水发大麦…100克

水发薏米…… 50克

水发红豆…… 50克

水发绿豆…… 50克

水发小米…… 50克

水发燕麦…… 50克

制作方法

1 取一个碗，倒入泡发后的绿豆、燕麦、大麦。

2 加入泡发好的薏米、红豆、小米，拌匀，并注入适量清水。

3 蒸锅加水烧开，放上杂粮饭，加盖，大火蒸约1小时。

4 揭盖，取出蒸好的杂粮饭即可。

木瓜蔬果蒸饭

烹饪时间：47分钟　口味：清淡

原料准备

木瓜……700克
水发大米…70克
水发黑米…70克
胡萝卜丁…30克
葡萄干……25克
青豆………30克

调料

盐………………3克
食用油……适量

制作方法

1 木瓜切去一小部分，挖成木瓜盖和盅，去掉籽及肉。
2 将木瓜肉切成小块。
3 在木瓜盅里倒入水发黑米、水发大米、青豆、胡萝卜、木瓜肉、葡萄干。
4 加入食用油和盐，注入适量清水，拌匀。
5 蒸锅加水烧开，放入木瓜盅，加盖，大火蒸45分钟。
6 揭盖，取出木瓜盅。
7 稍微冷却后即可食用。

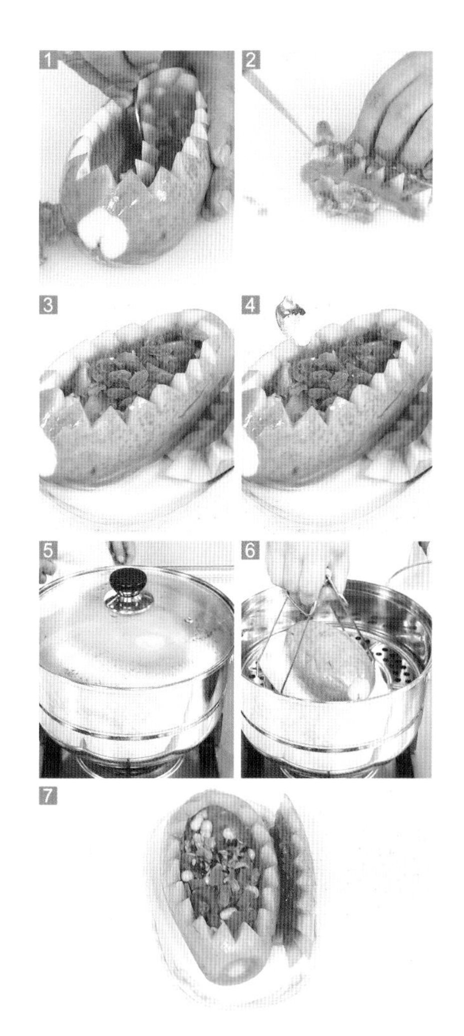

蒸·功·秘·诀

木瓜的籽一定要去除干净，不然会有苦味。

蒸·功·秘·诀

荷叶一定要包紧，以免蒸的时候散掉。

什锦荷叶蒸饭

烹饪时间：35分钟　口味：鲜

原料准备

水发糯米····100克
火腿肠·········30克
猪肉············90克
水发香菇······15克
玉米粒·········40克
葱花···············3克
姜末···············4克
荷叶···············1张

调料

生抽、盐、料酒、食用油······各适量

制作方法

1 火腿肠切丁；水发香菇切丁；猪肉切丁。
2 肉丁入油锅炒匀，倒入姜末、香菇丁、玉米粒、火腿肠，加料酒、生抽、盐、葱花，炒香，盛出装碗。
3 将水发糯米倒入炒好的料中，拌匀，放入铺开的荷叶中包好。
4 蒸锅加水烧开，放入荷叶包，蒸约30分钟后取出，用剪刀剪开荷叶即可。

花豆饭

烹饪时间：41分钟　口味：清淡

原料准备

水发花豆…… 80克
水发大米… 130克

制作方法

1 取一蒸碗，倒入泡发好的大米和花豆。
2 注入适量清水，搅匀待用。
3 蒸锅加水烧开，放入蒸碗，加盖，中火蒸约40分钟。
4 揭盖，将蒸好的饭取出即可。

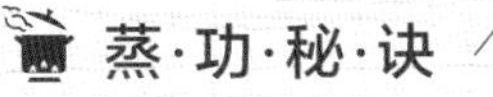

蒸·功·秘·诀

食材一定要完全泡发后再烹制，会更容易蒸熟。

苦瓜荞麦饭

烹饪时间：42分钟　　口味：淡

原料准备

水发荞麦……100克

苦瓜……60克

红枣……20克

制作方法

1 砂锅中注水烧开，倒入苦瓜，焯至断生后捞出。

2 取一蒸碗，分层次放入水发荞麦、苦瓜、红枣，铺平。

3 倒入适量清水，使水没过食材约1厘米的高度。

4 蒸锅加水烧开，放入蒸碗，中火蒸约40分钟后取出即可。

蒸·功·秘·诀

苦瓜先焯一下水再炖，这样能减轻其苦味。

三文鱼蒸饭

烹饪时间：42分钟　口味：清淡

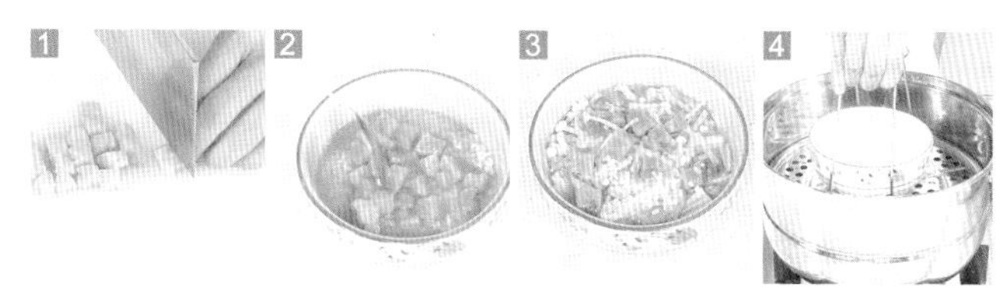

原料准备

水发大米……150克
金针菇…………50克
三文鱼…………50克
葱花、枸杞…各少许

调料

盐……………………3克
生抽………………适量

制作方法

1 金针菇切去根部，再切成小段；三文鱼切丁。
2 三文鱼装碗，加盐，拌匀，腌渍片刻。
3 取蒸碗，倒入水发大米和清水，加生抽、鱼肉、金针菇，拌匀。
4 蒸锅加水烧开，放入蒸碗，蒸约40分钟后取出，撒上葱花，放上枸杞即可。

蒸·功·秘·诀

水要漫过大米，否则水量不够，米饭很难熟。

荷叶糯米鸡腿饭

烹饪时间：38分钟　口味：鲜

原料准备

鸡腿…………180克
水发香菇……55克
水发糯米……185克
干贝碎………12克
干荷叶………适量

调料

盐、鸡粉…………各2克
胡椒粉…………………少许
生抽………………3毫升
料酒………………4毫升
香油、食用油…各适量

制作方法

1 鸡腿剔骨，取鸡肉切丁；水发香菇去蒂，切小块；干荷叶修齐边缘。
2 用油起锅，下肉丁炒至变色；加生抽和料酒炒香；倒入香菇丁和干贝碎，炒匀。
3 加鸡粉、盐、胡椒粉、香油，炒至食材入味。
4 将干荷叶铺开，倒入水发糯米和炒好的材料，拌匀，包紧荷叶，放入蒸盘中。
5 蒸锅烧开，放入蒸盘，加盖蒸约35分钟。
6 揭盖，取出蒸盘。
7 稍晾凉后打开荷叶包即可。

蒸·功·秘·诀

干贝可用清水泡软，这样压碎时会更省力。

红枣葵花子糯米饭

烹饪时间：41分钟　口味：清淡

原料准备

水发糯米…60克

水发大米…50克

红枣…………10克

瓜子仁……15克

调料

红糖…………20克

制作方法

1 红枣去核，切碎。

2 取一个碗，放入洗净的水发大米、水发糯米、红枣、瓜子仁，加入红糖，拌匀。

3 将拌好的食材转入蒸碗中，加入适量清水。

4 蒸锅加水烧开，放入蒸碗，中火蒸约40分钟后取出即可。

蒸·功·秘·诀

糯米不易消化，若胃不好的人食用可以减少用量。

蒸·功·秘·诀

大米需要提前浸泡1小时以上，这样蒸出来的米口感更好。

腊鸭蒸饭

烹饪时间：42分钟　口味：清淡

原料准备

腊鸭肉…………200克
水发大米………300克
姜丝、葱花…各少许

制作方法

1 取一蒸碗，倒入洗净的水发大米，注入适量清水。
2 摆上腊鸭肉，均匀地放上姜丝。
3 蒸锅加水烧开，放入蒸碗，加盖，中火蒸约40分钟。
4 揭盖，取出蒸好的腊鸭饭，撒上葱花即可。

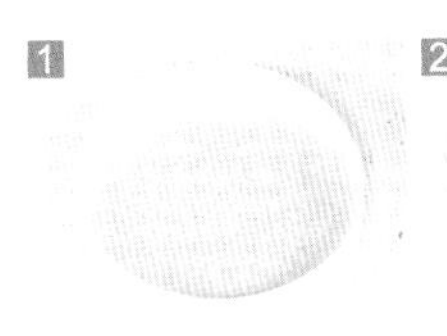
1

2

3

4

蒸肠粉

烹饪时间：13分钟　　口味：鲜

原料准备

生菜…………30克

肠粉…………300克

肉末…………120克

调料

盐、鸡粉、

白胡椒粉…………各1克

料酒…………………3毫升

生抽、香油…各5毫升

制作方法

1 肉末装碗，加盐、鸡粉、料酒、白胡椒粉，拌匀，腌渍10分钟。

2 将肠粉摊开，放上肉末，卷起，切去头尾，再切成两段，装入蒸盘。

3 蒸锅加水烧开，放上肠粉，加盖用大火蒸约10分钟。

4 取一个碗，倒入生抽和香油，拌匀制成酱汁。

5 取出蒸好的肠粉，切成数段。

6 取一个盘子，放上洗净的生菜。

7 摆入肠粉，淋上酱汁即可。

蒸·功·秘·诀

制作酱汁时，可依个人喜好适当增加调料。

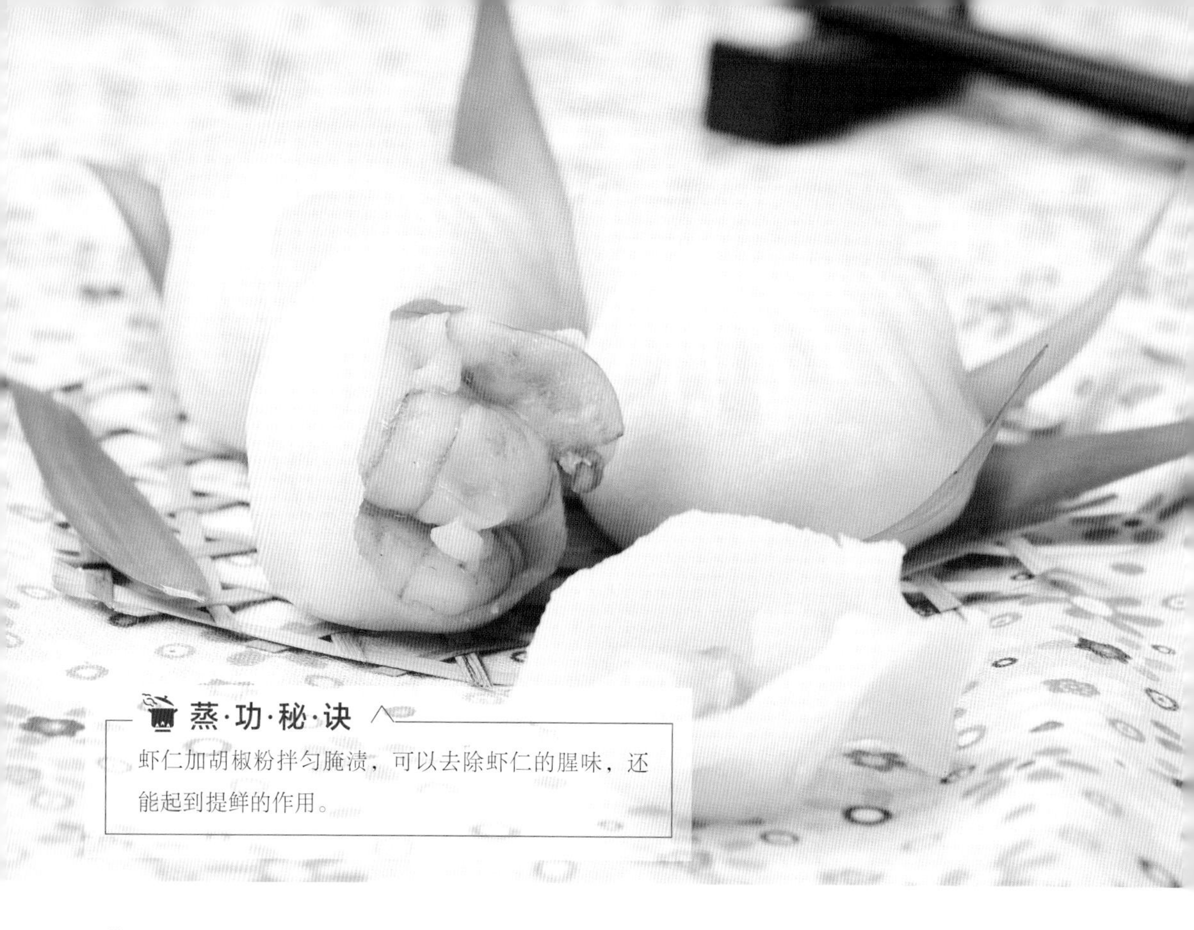

蒸·功·秘·诀

虾仁加胡椒粉拌匀腌渍，可以去除虾仁的腥味，还能起到提鲜的作用。

虾饺皇

烹饪时间：10分钟　口味：鲜

原料准备

澄面……300克

干淀粉……60克

虾仁……100克

猪油……60克

肥肉粒……40克

调料

盐、鸡粉…各2克

白糖……2克

香油……2毫升

胡椒粉……少许

制作方法

1 虾仁装碗，加胡椒粉、干淀粉、鸡粉、盐、白糖、肥肉粒、猪油、香油拌匀，制成馅料。

2 碗中倒入澄面和干淀粉，混匀，倒入适量开水，搅拌成面糊，搓成面团，再擀制成饺子皮。

3 取适量馅料放在饺子皮上，收口，捏紧，制成饺子生坯。

4 把生坯装入垫有包底纸的蒸笼里，放入烧开的蒸锅中，大火蒸4分钟后取出即可。

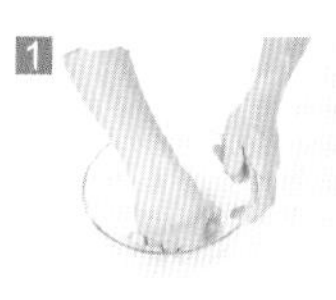

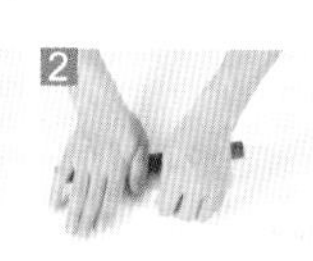

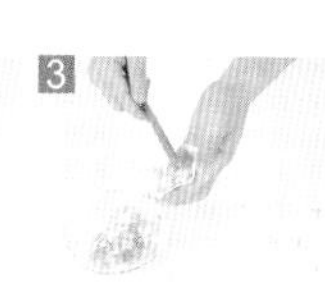

莲子糯米糕

烹饪时间：58分钟　口味：甜

原料准备

水发糯米…270克

水发莲子…150克

调料

白糖…………适量

制作方法

1 锅中注水烧热，倒入水发莲子，煮约25分钟后捞出。

2 将放凉的莲子去心，碾碎成粉末状，加入水发糯米混匀，再注入少许清水，转入蒸盘中。

3 蒸锅加水烧开，放入蒸盘，大火蒸约30分钟后取出放凉。

4 将食材盛入模具中，修好形状，再摆放在盘中，脱去模具，撒上白糖即可。

蒸·功·秘·诀

把材料转入蒸盘中时可撒上少许白糖，糕点的口感会更好。

蒸·功·秘·诀

为使颜色更好看，可先将胡萝卜榨成汁后加入。

糙米胡萝卜糕

烹饪时间：35分钟　口味：清淡

原料准备

去皮胡萝卜…250克

水发糙米……300克

糯米粉…………20克

制作方法

1 去皮胡萝卜切细条。

2 取一个碗，倒入胡萝卜条、糙米、糯米粉，注入适量清水，拌匀后转入蒸碗中。

3 蒸锅加水烧开，放入蒸碗，大火蒸约30分钟后取出晾凉。

4 将食材倒扣在盘中，切成数块三角形，摆盘即可。

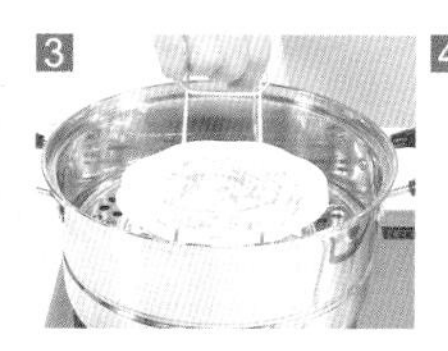

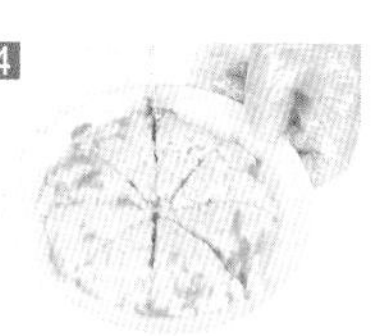

风味萝卜糕

烹饪时间：35分钟　口味：鲜

原料准备

粘米粉……150克
粟粉……150克
白糖……40克
腊肉粒、虾米、
白萝卜丝……各适量

调料

盐、鸡粉……各2克
食用油……适量

工具

模具、长柄刮板…各1个

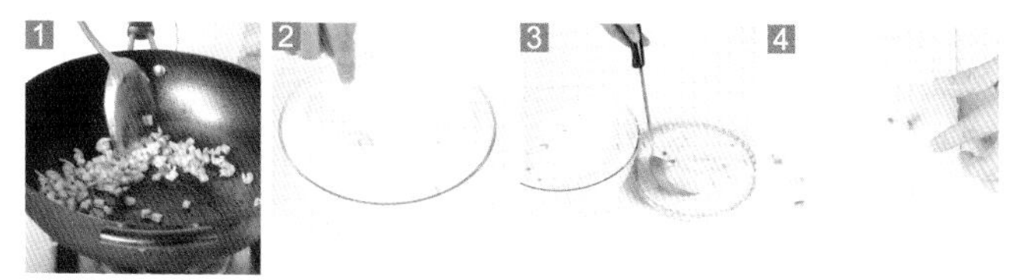

制作方法

1 油锅放入虾米爆香，倒入腊肉粒，炒匀，盛出待用。
2 把粘米粉和粟粉倒入碗中，加入白糖、虾米、腊肉粒、白萝卜丝、盐、鸡粉、清水，搅匀。
3 再加适量开水，搅拌成糊状，用长柄刮板舀入模具里，装约8分满。
4 蒸锅加水烧开，放入模具，大火蒸约30分钟，取出脱模，切成小块装盘即可。

蒸·功·秘·诀

将虾米和腊肉放入锅中用油爆炒一下，可以去腥提鲜。

黑米莲子糕

烹饪时间：35分钟　口味：甜

原料准备

水发黑米····100克

水发糯米······50克

莲子·············适量

调料

白糖·············20克

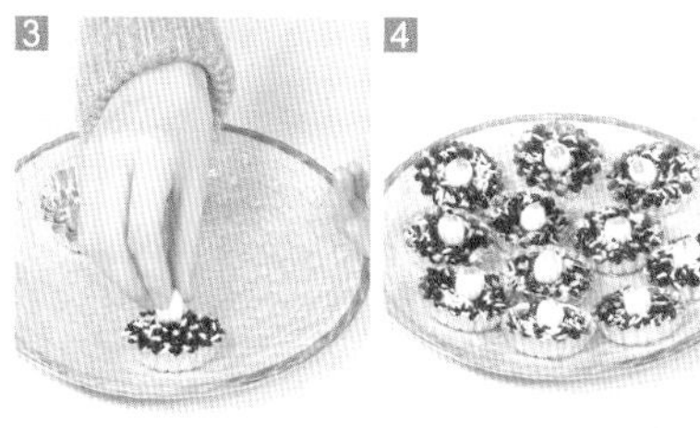

制作方法

1 将水发黑米和水发糯米用清水洗净。

2 取一个碗，倒入黑米、糯米、白糖，拌匀。

3 将拌好的食材倒入模具中，再摆上莲子。

4 将剩余的食材依次倒入模具中，备用。

5 蒸锅注水烧开上汽，放入米糕。

6 盖上锅盖，大火蒸约30分钟。

7 掀开锅盖，将米糕取出即可。

蒸·功·秘·诀

糯米可以多浸泡片刻，口感会更香糯。

风味蒸莲子

烹饪时间：42分钟　　口味：甜

原料准备

水发莲子···250克

桂花············15克

调料

白糖···············3克

水淀粉·········适量

制作方法

1 取一蒸碗，倒入水发莲子、白糖、桂花，拌匀。

2 蒸锅加水烧开，放入蒸碗，用大火蒸约40分钟后取出。

3 将碗内的汁液倒出备用，食材倒扣在盘子中。

4 锅中倒入汁液，加适量清水、白糖、水淀粉，调成稠汁，浇在莲子上即可。

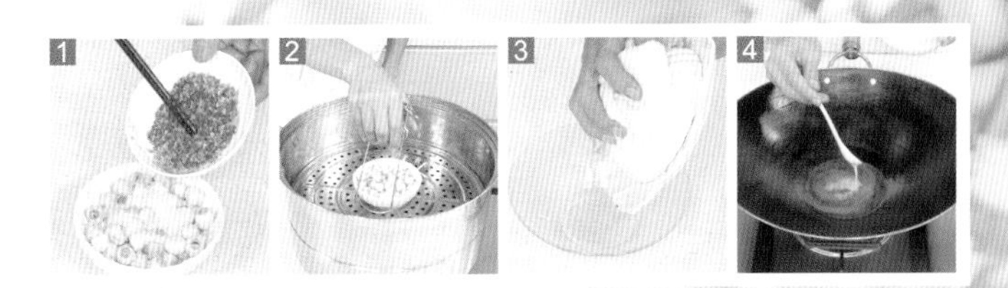

蒸·功·秘·诀

蒸莲子时也可不加入白糖，待蒸好后加入蜂蜜调匀食用。

蒸·功·秘·诀

小米应泡2小时以上，以便蒸煮熟软。

小米蒸红薯

烹饪时间：31分钟 口味：淡

原料准备

水发小米……80克

去皮红薯…250克

制作方法

1 红薯切小块。

2 取一个碗，放入红薯，倒入水发小米，拌匀。

3 将拌匀的食材转入蒸盘中。

4 蒸锅烧开，放入蒸盘，蒸约30分钟后取出即可。

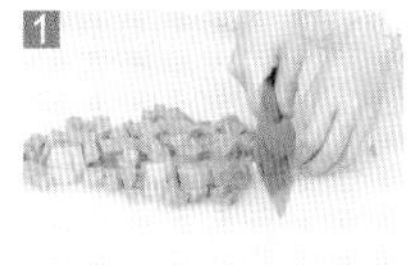

姜糖蒸红枣

烹饪时间：32分钟　口味：甜

原料准备

红枣········150克

姜末·············6克

调料

红糖·········· 10克

制作方法

1 取一碗温水，放入洗净的红枣，浸泡约10分钟，使其涨开。

2 捞出泡好的红枣，沥干水分。

3 将红枣放入蒸碗中，加入红糖和姜末。

4 备好蒸锅，烧开水后放入蒸碗。

5 盖上盖，蒸约20分钟，至食材熟透。

6 揭盖，取出蒸碗。

7 稍微冷却后趁热食用即可。

蒸碗中最好注入少许凉开水，这样蒸的时候红糖更易融化。

蒸·功·秘·诀

南瓜肉应切得薄一些，更易蒸熟。

香甜五宝蒸南瓜

烹饪时间：18分钟　口味：甜

原料准备

南瓜肉····240克
枸杞············5克
桂圆肉、红枣、
莲子······各10克
葡萄干·········5克

调料

盐················3克
白糖············5克

制作方法

1 南瓜肉切片。
2 取一个蒸盘，摆入南瓜片，撒上盐。
3 放入桂圆肉、葡萄干、莲子、红枣、枸杞，加入白糖。
4 蒸锅加水烧开，放入蒸盘，蒸约15分钟后取出即可。

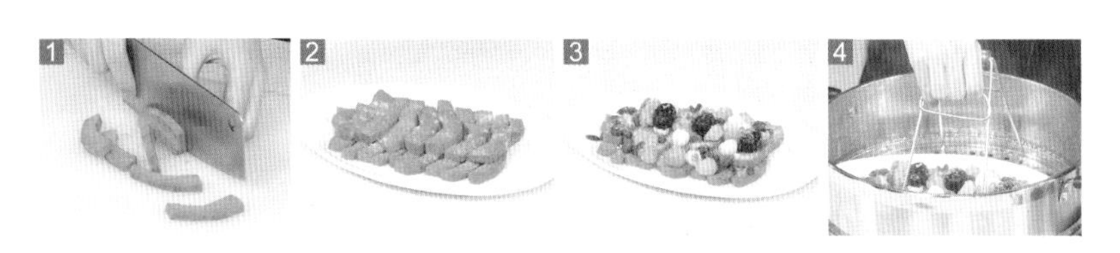